## 学会把握当下

不要总是懊悔过去,也不要总是空想未来。当下对于你来说才是最重要的,你能掌握的也只有当下。你的计划、想法和愿望都需要立刻去实施。

## 女神是如何保持美貌的？

答案是：自律是她们美貌的第一生产力。
外貌的美就是严格自律，一个没有自制力的人是不可能在先天颜值一般的情况下成为美女的。
美女就是自制力。

### 外貌 = 先天条件分值 + 后天分值

身材、皮肤、穿着、仪态,这些都可以通过个人的自律和努力来改变。
严格的自律和努力可以让你变得更美丽。

成长不是一件简单的事情,你会依次经历20岁、30岁、40岁……但是这些数字只能代表你的年龄,并不能代表你的成长。
成长意味着你能够审视自我,意味着你对自我的反思和质疑,意味着你在命运面前不低头。
成长意味着你能够超越自我。

## 有钱就能有品位吗?

有钱就能有品位吗?当然不是。
没钱就不能有品位吗?当然也不是。
不管你是否富有,只要你懂得穿衣的规则、知道扬长避短,你就可以成为有品位的人。

## 仪态决定你气质和气场的 80%

你以为你在谈论气质,其实你只是在谈论仪态。
仪态常常被忽视,过去的时尚杂志和女孩子们更喜欢谈论"气质",现在则更关注"气场"。
事实上,你的气质、气场,80% 的内容是由你的仪态决定的。

千万别太早给自己划定"你是个什么样的人",任何事都是有可能的,只要你愿意去尝试。
你所面对的唯一压力,就是改变自己的压力。

你是谁,比你说什么做什么更重要。
所以,与其讨好别人,不如先给自己塑金身。

# 女神必修课

成为女神的
全方位修炼手册

钟幸燕 —— 著

当代世界出版社
THE CONTEMPORARY WORLD PRESS

图书在版编目 (CIP) 数据

女神必修课：成为女神的全方位修炼手册 / 钟幸燕著.
— 北京：当代世界出版社，2016.10
　ISBN 978-7-5090-1101-0

Ⅰ.①女… Ⅱ.①钟… Ⅲ.①女性—修养—通俗读物
Ⅳ.① B825-49

中国版本图书馆 CIP 数据核字（2016）第 220545 号

| | |
|---|---|
| 书　　名： | 女神必修课：成为女神的全方位修炼手册 |
| 出版发行： | 当代世界出版社 |
| 地　　址： | 北京市复兴路 4 号（100860） |
| 网　　址： | http://www.worldpress.org.cn |
| 编务电话： | （010）83907332 |
| 发行电话： | （010）83908409 |
| | （010）83908455 |
| | （010）83908377 |
| | （010）83908423（邮购） |
| | （010）83908410（传真） |
| 经　　销： | 全国新华书店 |
| 印　　刷： | 北京凯达印务有限公司 |
| 开　　本： | 710 毫米 ×1000 毫米　1/32 |
| 印　　张： | 7 |
| 字　　数： | 145 千字 |
| 版　　次： | 2016 年 11 月第 1 版 |
| 印　　次： | 2016 年 11 月第 1 次 |
| 书　　号： | ISBN 978-7-5090-1101-0 |
| 定　　价： | 38.00 元 |

如发现印装质量问题，请与承印厂联系调换。
版权所有，翻印必究，未经许可，不得转载！

# 序言 PREFACE

## 一个普通少女的修炼史

我曾经在网上看到过这样一个帖子,长得丑且资质平庸的女生如何找到属于自己的幸福?普通女孩离女神到底有多远?

看到这个帖子时,我真想找到那个发帖的女孩,冲到她面前告诉她,平庸的我是怎样一路走过来的。

想起当年的我,身材又矮又胖,也不爱打扮,而我所在的时装学校美女又多,显得我非常黯淡。我的性格内向,从来不愿意主动结交朋友,除成绩平平之外,其他各方面能力也很一般。

平凡的我很快就湮没在人群中。

还好,当时我心理年龄较小,也没有谈恋爱的概念,一直跟几个男生关系很好,过得也算不错。

但我心里其实是有自卑感的,尤其是见到漂亮女神的时候,但是我通常都不表现出来,也没有改变自己的意愿。

直到我遇见了师姐。师姐对我的影响我记录在了"你离女神有多远"中,这里就不再赘述了。

值得一提的是,即使我有了改变自我的意识,也没有像故事里说的那样,马上戴上紧箍咒,大变金身,衣锦还乡,从此让所有人刮目相看。

从丑小鸭到现在的我,我足足用了6年的时光。

我想告诉你们的是,我也是一个平凡的女孩,我用了6年的时间,才成为别人眼中的"女神"。而且,我知道,我离真正意义上的"女神",还有不小的距离。

在我们身边,能被称为女神的始终是少数,大多数女孩都是平凡人。

但是平凡女孩,也能通过自己的奋斗变成女神。

## 【起始篇】
## 致那个曾经很"天真"的我

1. 女神:一半女人,一半神 / 2
2. 女神,超越自我局限 / 5
3. 你离女神有多远? / 9

## 【自我成长篇】
## 少女啊,请不要在妙龄时就"枯萎"

4. 那些我见过的"枯萎"在妙龄的女孩 / 14
5. 普通女孩如何成为中产阶级? / 18
6. 比迷茫更可怕的是虚度青春 / 22
7. 年轻时最好的投资是投资自己 / 26
8. 什么行为会让女孩子显得庸俗? / 30
9. 活力才是快乐之源 / 38
10. 目标导航:幸福 / 43

## 【外貌修炼篇】
## 在练就金身的征途上斩妖除魔

11. 颜值不高,也能使形象大变身 / 52
12. 女神们都是保持美貌的 / 58
13. 给你的减肥计划确定一个周期 / 61
14. 所有的女神都!健!身! / 69
15. 为什么你从镜子里看到的全是缺点? / 72
16. 抗衰老这件小事 / 74
17. 皮肤也要做运动 / 78
18. 没钱,怎么护肤? / 81
19. 秀发是美女的标志之一 / 87
20. 仪态决定你气质的 80% / 94
21. 不可忽视的表情管理 / 99
22. 穿衣品位,其实与荷包无关 / 103
23. 我的精简购物哲学 / 107
24. 既省钱又能穿出格调的衣橱管理 / 113
25. 衣服不多,照样美成仙女 / 118

## 【社会生存篇】
## 女神,是生存游戏中的大赢家

26. 正式步入社会,年轻女孩应该学会的那些事 / 126
27. 想要以后活得轻松,请在二三十岁时完成积累 / 132
28. 让努力成为你的习惯 / 135
29. 谨慎对待每一个选择 / 139

30. 请尊重能决定你前途的那些人 / 144

31. 给予回报比什么都重要 / 147

32. 运气不好，只是努力不够 / 151

33. 如果小时候没有学会情绪管理，请从现在开始 / 154

## 【终身幸福篇】
## 人生，其实不是一场马拉松

34. 有没有一样东西，可以保障终身幸福 / 160

35. 幸福基线：决定你幸福的 90% / 163

36. 温暖，也许就在下一个转角 / 168

37. 纠结地活着，又怎么可能快乐 / 171

38. 精神和肉体的关系，比你想得更密切 / 177

39. 外面没有别人 / 182

40. 生活≠赚钱+消费 / 186

41. 每天都开心的秘诀 / 189

42. 爱的秘诀：你需要什么，我就给什么 / 197

43. 确定自己想要什么，然后立刻去追求吧 / 201

44. 后记：再见，小小的我 / 207

# 【起始篇】
## 致那个曾经很"天真"的我

# 1 女神：一半女人，一半神

## 一半女人，一半神

女神这个词很奇妙，一半女人，一半神。女神身上既有女性的特征（美丽、柔弱、女性的力量），同时又有神性的特征，简单来说，就是智慧、坚强、乐观、自律、奋发、向上。

这里我想跟大家分享一位传奇女性，一位真女神的故事。

有本书叫作《上海的金枝玉叶》，写的是老上海永安百货郭氏家族的四小姐，郭婉莹（黛西）的故事，作者陈丹燕。

提起郭家，那是鼎鼎大名，最为人称道的，是郭家和宋家的孩子从小一起长大，郭婉莹和宋庆龄在同一所贵族女校上学，郭婉莹最好的朋友是康有为的孙女。

毕业之后，郭婉莹嫁给了吴毓骧，吴毓骧毕业于清华大学，是林则徐的后代，他的奶奶是林则徐的女儿。

康有为的女儿康同璧曾经对她们说，如果有一天她们没有烤箱了，也要学会用铁丝烤出吐司来。

【起始篇】 致那个曾经很"天真"的我

郭婉莹从小过着锦衣玉食的生活，用红楼梦里的话说，那是烈火烹油，鲜花着锦，郭婉莹的前半生堪称是完美。

陈丹燕这样描述她的奢华生活："清一色的福州红木，擦得雪亮，银器和水晶器械是一大柜一大柜的，沙发又大又软，坐进去好像掉进了云端里。圣诞树高到了天花板，厨子做的福州菜最好吃，她做的冰激凌，上面有核桃屑。"

可是这完美的生活在郭婉莹50岁时戛然而止。那年，郭婉莹的整个家族陷入巨大的不幸中，她的丈夫被划分为右派，之后死在了牢狱之中，而且她的丈夫和父母的棺材、骨灰也被损毁。

郭婉莹虽然没有死，但是作为资本家的女儿，她也一下子跌入了深渊。她在文革中艰难求生，被作为斗争的重点对象，甚至被下放到农村养猪。

从豪宅中被赶到了7平方米的小亭子，十指不沾阳春水的大小姐开始自己做家务。她每天都从事艰难繁重的劳动，种白菜、洗马桶，曾经纤细的十指因此变形。

换作任何人，可能都会因受不了这样的落差而痛不欲生，但是郭婉莹却泰然处之。

即使她的生活条件如此恶劣，她依然会把狭窄而黑暗的楼道当作自己的厨房，以煤球炉子和铝饭盒为工具蒸蛋糕，精美的茶具没有了，搪瓷缸子也能用来喝下午茶。

肯尼迪的遗孀曾问及她在文革中的劳改经历，郭婉莹只是轻描淡写地说，劳动有利于保持我的体型。

即使在最恶劣的环境中，也要保持最乐观高贵的品格。

虽然生活是那么艰难，但是她仍有无比坚强的毅力和信心，把生活的困苦变成了动力。

少年时的美丽和富有就像是幻影，就算幻影结束了，她也没有因此而落寞度过一生。岁月和痛苦都夺不去她的美。

郭婉莹是很多人心目中的真女神。

如果她当初没有留在国内，而是和其他亲人一起逃往国外，也许她永远不会知道自己在面对苦难时是什么样子。

她也不会知道自己那双原来只用来弹钢琴的手，也可以做一切农活和家务。

郭婉莹退休后，女儿和儿子先后成家，都过着普通人的生活。

有人这样描述她后来的生活："郭婉莹一边在家抱孙子，一边安静度过余生。至于曾经的遭遇，她只字不提。在她看来，这不过是自己的一次人生；而对我们而言，这却是一位女性的传奇往事。"

郭婉莹90岁去世，她留下的遗嘱是把自己的遗体捐献给红十字会。无论世事如何暗淡，她在困境中依然保持着高贵乐观的品性，这个女人走完了她精致的一生。

在郭婉莹的告别仪式上，有一副挽联这样写道："有忍有仁，大家闺秀犹在。花开花落，金枝玉叶不败。"

也许我们永远无法成为郭婉莹这样的传奇女性，但是我们至少要知道真正的女神是什么样子的。

真正的女神是美丽的外表、坚强的品性、认真的生活、面对困境时永不放弃的乐观，以及任何时候都要保持优雅的境界。

# 2 女神，超越自我局限

## 什么样的女生可以被称为女神

漂亮就是女神吗？如果一个女生漂亮，却不思进取，靠男人养活是不是女神？不是，那是金丝雀！

学习好、事业佳就是女神吗？那是女强人。

温柔贤惠、性格好就是女神吗？一定是个善良的女孩，但却未必是女神。

**女神，应该是一种全方位的状态。**

《红楼梦》中最接近女神的女孩，是薛宝钗，她有花容月貌，又极具才华，同时，还富有才干，在大观园中数次显露出治家天赋，最重要的是，她能做到全家上下无不称赞。

红楼梦所写的时代是不允许女人拥有事业的，否则薛宝钗一定可以做出自己的事业来。

美丽的外表、健康有活力的身体、温柔且包容的性格、事业，都应该是我们努力追求的。

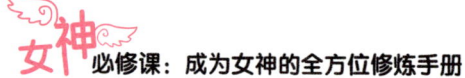

*女神是智慧和自制力的综合体。*

要保持美丽的外表,你需要做到:坚持节食、不要晚睡、少吃甜食、少喝饮料、坚持保养皮肤、坚持做运动。

这些都需要自制力。

那些被认为是大美女的女孩,她们的自制力无一不是出类拔萃。我认识一个只要提起她的名字就会有人说"太美了"的女孩,她的自我约束力简直超越一般人的想象。

即使她忙了一整天,跑了无数个地方,回到家再累,她也会先卸妆、敷面膜,然后躺到床上做腹肌训练。

这是一种军人般的意志,有的女孩累了一天后连卸妆都会感到痛不欲生,何况卸妆后的保养和运动?

能坚持的,才是真女神。

## 自诩女汉子,不愿意打扮,其实就是懒

我的邻居是一对夫妻,女主人姓吴,她是那种对穿着打扮毫不在意的类型。我从来没见过她家里有什么护肤品,她穿衣服也都是采用就近原则,哪件衣服离自己近就直接拿出来穿。她对自己的身材也采取放任态度,她说就算天天去健身房锻炼也没用,该老还是会老,一停止锻炼就会反弹,不信你看那些退役的运动员。

有次我问她:"姐,你怎么不化妆啊?"

【起始篇】 致那个曾经很"天真"的我

她振振有词地说:"化妆是女人作弊的行为,男人都不喜欢女人化妆。当然我不是在说你啊。"

弄得我哭笑不得。

她还有一个爱好,就是喜欢看韩剧,每次看到剧情伤心之处她总会眼中泛泪,还拉着你讨论剧中男女主人公的问题,一聊就是一两个小时,还不重复。讨论完之后她会给出一个结论:"你看这韩剧里的女二号都是妖艳的爱打扮的,可见打扮得漂亮的女人都不是好女人。"

其实,我邻居的这种观念虽然有些落伍,但很多自称"女汉子"的女孩都有类似的观念。

她们不接受精心化妆和打扮,因为"女汉子"是不会穿着可爱的裙子、化着精致的妆容去"讨"别人喜欢的。另外,对于那些喜欢化妆打扮的女孩她们会口诛笔伐,因为在有些"女汉子"眼里,化妆打扮都是伪装,而通过这种行为得到异性的喜欢,就如同上学考试时带小抄一样,这种行为是"女汉子"所不齿的。

难道穿得像旧社会劳动妇女一样朴素就是女汉子了?错,真正的女汉子应该是一种精神上的独立,应该是作为一个完整个体的独立,而不是单纯追求外表上的不修边幅。那些将自己收拾得很好的女孩同样可以是"女汉子",因为"女汉子"这个词的第一个字是"女",接下来才是"汉子"。在我看来,"女汉子"虽然身体是女孩,但是其见识和胸襟却如同男人一样,并且具有很多在旁人看来只有男人才会的才能。所以在我眼中，无论你是每天穿着短裙高跟鞋的办公室白领，还是穿着连衣裙扎着马尾辫正襟危坐在教室里的邻家小妹，都能够成为"女汉子"。

这位吴太太，和曾经的我何其相似：你觉得你是女汉子，其实你只是过得特别随意和粗糙。

# 3 你离女神有多远?

## 为什么只在"特殊情况"下,你才愿意精心准备

我学习服装设计的时候,一个已经毕业的师姐来学校找人做实习,导师推荐了我和另外一个女同学 C。

导师对我和 C 说:"你们要珍惜这次机会,好好跟师姐学。你们师姐上学时是学霸,实习期间就被现在就职的这家企业签走了,工作 3 年连升三级。你们跟着师姐,除了学做事,也要学习师姐如何做人。"

我和 C 连忙点头称是,心想师姐肯定是像电视剧里的学霸那样,邋里邋遢的女生。

但是,一见到师姐,我和 C 都傻了,没想到,面前的师姐精致美丽,看起来还有几分娇弱,和我们印象中的学霸完全不一样。

师姐给的待遇不错,对我们也挺好。师姐外表娇弱,但她可以踩着高跟鞋一天赶四个场子而不叫苦,她可以连续工作十几个小时,第二天还一丝不苟地化着全妆准时出现在办公室。

**女神必修课：成为女神的全方位修炼手册**

我一边羡慕和崇拜着师姐，把师姐当成我心目中的"女神"，一边波澜不惊地继续着我的生活。

直到有一天，师姐通知我和C，让我们去参加一个行业内的会展，主要负责协调和接待。师姐让我们早上7:00在校门口等着，她来接我们。

我接到通知，心想：协调和接待而已，能有多难！

不过我是不是该化个妆，打扮打扮啊？我想了一会儿，最后还是放弃了，一是因为我没有化妆品，二是因为太麻烦了。

第二天，我6:30才起床，简单洗了个脸，抓了件衣服套上就到6:50了，我匆匆忙忙赶到学校门口，还为自己的准时有点小骄傲。

结果师姐和C已经站在那里等我了。她们用有点惊讶的眼光看着我。

我看看师姐，又看看C：师姐穿了一身高级套装，整个妆容一丝不苟；C穿了一条颇为正式的连衣裙，脸上也化着淡淡的妆，还穿了高跟鞋。

在路上，C小声问我："你怎么这样就出来了？"

我苦笑着说："我不是一向都这样吗？我是个女汉子啊，我不知道你们都……"

师姐打断我说："你啊，你觉得你是女汉子，其实你就是懒。你问问你旁边那位，她几点起床的？"

C不好意思地说："我5:00起床的，先洗头，然后吃早饭，换衣服，化妆，收拾完就 6:30 了。"

那天一整天，我都是在无法言说的尴尬中度过的，除了我之外，会场的所有女孩都穿着高跟鞋，穿着正装，看上去成熟、稳重、专业。而我，就像放学路上，不小心闯进来的学生，还是只知道傻学习的那种学生。

那天会展结束，师姐看着我叹了口气。

我对师姐说："师姐，我今天是不是给你丢人了啊？对不起，以后再有这样的情况，我一定会精心准备的。"

师姐说：*"为什么非要'有这样的情况'，你才愿意'精心准备'？难道你只在你觉得值得的时候精心准备吗？而我，每一天都是精心准备的啊。"*

## 人生的努力，可不只是外貌那么简单

师姐继续说："你特别羡慕我是吧？"

我使劲点头："师姐，你是我的女神。"

师姐说："是吗！那你有没有想过，你和我的区别是什么？"

我有点黯然："我比师姐差远了。"

师姐说："你知道吗，我高中时也特别胖，140 斤。高考前我花了 3 个月的时间减肥，每天上午跑 2 个小时，下午跑 2 个小时，把膝盖都跑坏了，到现在我的膝盖都不太好。我怕晒黑，就穿着长袖衬衫、长裤，戴着口罩跑。大学的时候，我用做兼职赚的钱买化妆品、护肤品，一点点学习化妆。任何事都是要努力的，外貌也是如此。但是人生的努力，可不只是外貌那么简单。"

最后师姐对我说："别封闭自己，你还非常年轻，千万别太早给自己划定'你是个什么样的人'，任何事都是有可能的，只要你愿意去尝试。"

说完，师姐送我回学校。

那天之后，我开始反省自己：

为什么我明明很羡慕那些女神级的女孩，但却不愿意为改变自己而付出行动呢？这真是个问题啊。即使是我最崇拜的师姐，也不是一开始就风光无限的。我们只看到了她们外表的光鲜靓丽，却忽视了光鲜靓丽背后，她们付出的汗水和努力。

是平凡女还是女神，也许就是你愿不愿意付出行动决定的。

这并不是一个简单的励志故事，我也没在短短几个月内就大变身。前面说了，我的努力足足持续了 6 年。

但是，我始终记得，我是在那一天决定改变自己并付诸行动的。

当你开始审视自己，并决定改变自己时，改变就开始了。

## 【自我成长篇】
### 少女啊,请不要在妙龄时就"枯萎"

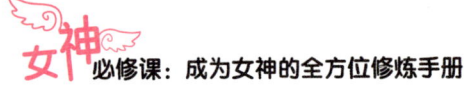

## 4 那些我见过的"枯萎"在妙龄的女孩

### 少女啊,不要枯萎在二十几岁

成长不是一件简单的事,随着时间的推移,你会依次经历20岁、30岁、40岁……但是这些数字只能代表你的年龄,并不能代表你的成长。

有个名叫"人在纽约"的微博,记录了一个人说的这样一句话:"我以为到了人生的这个阶段,我会变成一个更有安全感的人。我以为只要我遵守所有的规则,我就会快乐地长大成人,和自己所有的问题和解。我现在意识到没有人长大,每个人都只是变老而已。"

成长意味着你能够超越自己,意味着你能够审视自我,意味着你对自我的反思和质疑,意味着你不会在命运面前低头,意味着你会在不幸中抗争……

你的身体会随着时间而逐渐成熟,然后逐渐衰老,但成长并不会如此。很多人只是身体变老,但是却一直没有成长。

很多人的成长停滞在二十多岁,也可以说他们在二十多岁时就已提前衰老。因为之后的时间里,他们都如同影子一样存在着,不

【自我成长篇】　少女啊，请不要在妙龄时就"枯萎"

愿意再追求突破，不愿意再出去冒险，每天的生活都是重复之前的生活，日复一日。

当你不愿意再付出努力，不愿意再去冒险时，衰老就开始了。

千万别过那种一眼望到头的生活。

那些才刚刚20岁出头就已经"衰老"的女孩，她们害怕拼搏，因为害怕失败，所以早早就将自己的人生目标放弃了。

*选择"提前衰老"，还是选择"永远年轻"？*

虽然很多人在二十多岁就已经"衰老"，但是还有那么一小部分人，他们知道自己人生的目标，他们拥有独立的思想和追求，他们愿意为自己心中的目标去奋斗，去努力。虽然这样做会打破他们舒适的生活，会让他们一次次面对失败和挫折，但他们愿意付出，因为他们知道，只有这样做才能一步步接近自己心中的目标。

在人生的道路上，他们选择"永远热血和年轻"。

虽然年龄会不断增长，身体会逐渐衰老，但是这些"选择年轻"的人一直都有自己的人生目标。在他们眼里，年龄从来不是阻碍他们做事的理由，他们不会告诉自己"现在开始已经太晚了"，也不会懊悔当初应该如何去做。因为只要他们想到了，就会立刻付诸行动。

有很多错误的世俗观念在误导我们，比如"什么样的年龄就应该做什么样的事情""不得不服老""现在这个年纪已经来不及了"……但对于有些人来说，这些观念是毫无意义的。

我在微博上看到一条新闻，台湾地区有一位105岁的老人去大学听课，想要考取博士学位。

这位老人在七十多岁时独自去欧洲旅行，87岁时和孙子一起考大学，91岁时从台湾高雄市立空中大学文化艺术系毕业，98岁时获得硕士学位。

这位老人在大学期间，从来不迟到和早退。如今已经105岁的他又准备去新竹清华大学听课，准备参加博士学位的考试！

看完这个新闻之后，我认为这位老人就是"永远年轻"的榜样。

现在很多人年纪轻轻，生活却如同老年人。但是也有很多已经上了年纪的人，却没有被年龄所限制，他们摆脱了岁月的枷锁，做着自己想做的事情。

## 不要温和地走进那个良夜

去年，我反复看了5次《星际穿越》，每次都被深深地震撼，尤其是电影中反复出现的那首诗：

不要温和地走进那个良夜，
老年应当在日暮时燃烧咆哮；
怒斥，怒斥光明的消逝。

虽然智慧的人临终时懂得黑暗有理，
因为他们的话没有迸发出闪电，他们，

**【自我成长篇】** 少女啊,请不要在妙龄时就"枯萎"

也并不温和地走进那个良夜。

善良的人,当最后一浪过去,高呼他们脆弱的善行,
可能曾会多么光辉地在绿色的海湾里舞蹈,
怒斥,怒斥光明的消逝。

狂暴的人抓住并歌唱过翱翔的太阳,
懂得,但为时太晚,他们使太阳在途中悲伤,
也并不温和地走进那个良夜。

严肃的人,接近死亡,用炫目的视觉看出
失明的眼睛可以像流星一样闪耀欢欣,
怒斥,怒斥光明的消逝。

您啊,我的父亲,在那悲哀的高处。
现在用您的热泪诅咒我,祝福我吧。我求您,
不要温和地走进那个良夜。
怒斥,怒斥光明的消逝。

不要温和地走进那个良夜,是我对我自己,也是对所有女孩的期望。

任何时候都要努力,都要奋斗,都要超越自我!

# 5 普通女孩如何成为中产阶级？

## 一个普通女孩是如何奋斗成为中产阶级的？

很多刚步入社会的女孩问我："我家境一般，学历一般，资质平平，怎么做才能有'出路'？我该怎么奋斗？"

还有一些问得更直白："我家境不好，一个普通女孩想要成为中产阶级，到底有多难？"

我回答说："特别难，不仅在中国难，在国外也难。阶层的固化是个世界问题，要实现阶层的流动，从下向上流动比从上向下流动要难得多。"

你会过得很辛苦，但是再辛苦也辛苦不过女孩X。X就是个普通女孩，甚至，她是个条件远称不上"普通"的女孩。

我认识X时，她只有21岁。她长相清秀，性格乖巧。

X的家庭和出身，是我们很熟了之后我才了解到的，而之前只知道她是出了名的节俭。一天早晨，X去上班，走到半路，鞋子坏了，

【自我成长篇】 少女啊，请不要在妙龄时就"枯萎"

她只得跳着回家换了一双，没想到走到半路这双鞋子也坏了，她只能打电话请假，赤脚走着去买了一双非常便宜的鞋子，因为她的家中已经没有多余的鞋子了。

在我们关系非常熟络之后，她告诉我她父亲以前是跑船的，一年只回来几次，她母亲一个人又当爹又当妈。在她14岁那年，父亲出海之后就再也没有回来。她父亲活着的时候特别仗义，有人来借钱，不管多少，只要有，就会借给对方。结果她父亲去世之后，她妈妈都不知道有多少债主，也不知道人家欠着自己家多少钱。总之，除了父亲生前的一两个兄弟还了几万元外，其他人都销声匿迹了。她在家里排行老大，还有一个妹妹。因为家庭条件困难，她高中一毕业，就出来找工作了。

一次回家时，家里人说起了关于妹妹上学的事情，当时她的妹妹已经上高三，即将毕业。母亲的态度是上大学也没有什么用，毕业了就出去打工吧。但是她不想让妹妹走自己的老路，于是非常坚定地告诉母亲，妹妹必须上大学，费用她来承担。当时她也刚工作不久，一个月收入除去租房吃饭也剩不了多少，这还都是按最低标准来算。

工作两年之后，因为工作努力，她的收入略有提高，但是大部分钱都给了家里。

有一年，她母亲打电话说家里的房子不行了，需要修理，她便将自己的所有积蓄拿了回去。妹妹上学没有钱交书本费，她的母亲说，问你姐要钱吧，我们家就靠她了。知道这件事情之后，她一点儿都没生气，反而非常高兴，因为她觉得自己能够承担起一个家了。

当时我在一家外企工作，她是我的同事，低学历并没有让她在外企混不开，因为她工作非常努力。

努力到什么地步呢？

平均每个月上班22天，基本上每天她都会加班，通宵加班也是家常便饭。我和她聊到这件事时，她微笑着说：这样挺好的，通宵加班至少我不用挤早晚高峰地铁了。

我们有一个非常挑剔的客户，几次打交道下来，公司的人都不愿去跟了，于是X便接手过来。一次，X同这个客户一起去验货，这次验货之后，客户直接告诉手底下的人，"以后X负责的订单就不用找我来看了，以她的标准为准。"因为X比这个客户还要挑剔，对错误是零容忍。

我曾多次邀请她参加聚会活动，但她的回复从来都是：抱歉，我现在还在加班，暂时去不了。

就这样，我看着她不断成长。月收入从3000元到7000元再到12000元。她的收入虽然不断增加，但是我每次见到她都会感觉十分沉重，因为我知道她一路走来所遇到的困难要比常人多数倍。

X也有疲惫、崩溃的时候。有一次我们一起吃饭，她喝着喝着酒突然哭了，原来她被恋人的父母挑剔是单亲家庭，挑剔家庭条件不好。

在X24岁那年，她靠着多年辛苦工作赚来的钱，在城里买了一套属于自己的小房子。首付是她自己攒的，贷款贷了25年，每个

【自我成长篇】 少女啊，请不要在妙龄时就"枯萎"

月还5000元，那时她的月收入在7000元左右。

现在的X，早就成了经理，她换了几份工作，事业节节升高，并且，她也找到了爱她尊重她的恋人，恋人的父母无比喜欢和心疼这个努力、上进的女孩。

故事有一个很好的结尾，X将会度过很好很长的一生。我知道，对于X来说，哪怕未来遇到再多的困难，她也会全力以赴。

虽然每个人的生活都不容易，但是X所遭受的苦和累，还是比正在阅读这本书的你多吧？

如果你的家庭条件不好，想靠自己的力量完成阶层的跨越，成为中产阶级，到底有多难？

特别难，但是并非不可能。

如果你没有特别大的助力，那么努力工作，可能是你唯一的出路。

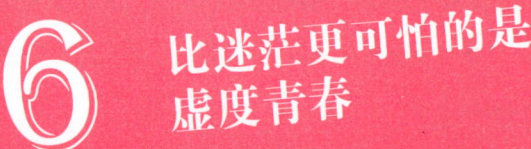

## 比迷茫更可怕的是虚度青春

**是不是每个人 20 岁出头的时候都特别艰难？**

有个朋友写信给我说："我每天都在努力生活和工作，但是仍然无法抑制内心的迷茫。是不是每个人 20 岁出头的时候，都过得特别艰难？"

她的话让我想起《这个杀手不太冷》中的经典台词：

——*生活是一直苦，还是只是小时候特别苦？*

——*一直这样。*

年轻的你，现在可能每天都感到十分迷茫，充满了对未来的忧虑。

事实上，你完全不必如此。

因为对于二十多岁的人来说，迷茫是再正常不过的一种状态。

我在二十多岁的时候，也是如此。

记得我刚参加工作时，感觉非常不适应，生活变得一团糟，焦

【自我成长篇】　少女啊，请不要在妙龄时就"枯萎"

头烂额是我每天的常态。

当时发生的一件事情我至今印象深刻。一天早上，我因为头天晚上加班，睡得很晚早上起晚了，所以连早饭都没来得及吃就赶着去上班。

我在公交车上困意发作，于是迷迷糊糊地睡着了，当到站下车之后我才发现手里原本拿着的档案袋不见了。档案袋里有我的身份证以及连续几天加班整理出来的资料，这些资料公司要求今天必须交。当时我的脑子一片茫然，很想大哭一场。

在万分无助的情况下，我甚至打了报警电话，但警察只是简单地将我的情况记录了一下，然后告诉我如果有消息会联系我。我不知道自己是怎么走进公司的，当我把资料在公交车上丢了的事情告诉领导后，领导一脸的不信任。虽然我一再解释，但是领导依然觉得这个理由十分牵强，并大声训斥了我。

部门同事知道这件事情之后，都向我投来十分冷漠的眼神，甚至有人专门跑到我身边冷嘲热讽，因为没有了我整理的资料，全部门这几天的工作都将变得毫无意义。

领导的训斥、同事们的冷漠，让我感觉自己快要崩溃了，于是我跑到卫生间里抱头痛哭。

我并不是因为工作太辛苦而哭泣，工作的辛苦我可以承受，让我哭泣的原因是领导的不信任以及同事们的冷漠，虽然我明白他们的这种态度是有原因的，但是我依然感到十分痛苦。

我相信类似的感觉所有人都曾经有过，那种非常无助时的放声痛哭。虽然哭泣的原因各不相同，但相同的是，哭泣之后自己将变得更加成熟。

## 迷茫，是大多数人二十多岁时的主题曲

你现在的迷茫和焦虑，是每个二十多岁的人都经历过的。

对生活感到迷茫并不可怕，可怕的是你终日无所事事。不要惧怕失败，无论结果怎么样，都不要停止努力，即使失败你还会收获经验。在失败的过程中你会发现新的机会，同时也会对自己有新的认识。

人生不可能一帆风顺，失败、难过、痛苦、打击，这些都让人想要放弃，想要逃避，祸不单行的事情在人生道路上你会经常遇见。但是你需要明白的是，人的成长是离不开这些挫折的，经历无数次的挫折之后，人就会变得成熟。击败这些挫折的方法非常简单，但是这个简单的方法我很多年后才明白，那就是保持乐观的心态，无论发生了什么事情，都要乐观，都要坚持前进。

认真对待学习，人的一生需要不断学习，只有这样你才能有立足之地，才能不被淘汰。

对着镜子，仔细看看镜子里的自己，然后告诉自己，我最大的依靠就是镜子里的这个人。

为什么二十多岁的人很容易产生迷茫的感觉呢？

【自我成长篇】 少女啊,请不要在妙龄时就"枯萎"

这是因为你刚踏入社会,第一次尝试着"自立",而你在家庭和学校中时,你的生活都被父母或者学校安排好了。当你步入社会才发现,社会是不会为你安排好一切的,所有的事情只能靠你自己的努力。

二十多岁是人一生中最好的年龄,希望你不要浪费自己的时间,一定要努力,一定要学习,未来的你一定会感谢现在努力奋斗的自己。

当你足够成熟时就会发现,你今天面对的困难和辛苦都是微不足道的。

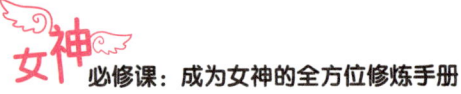

# 7 年轻时最好的投资是投资自己

## 年轻时最好的投资是什么？

我根据自己的经历得出的答案是："年轻时最好的投资，是投资自己，让自己拥有奋斗的勇气和自我改变的魄力。"

年轻是一种资本，年轻能够让你在失败之后有机会重新爬起来。如果年轻时做事瞻前顾后，犹豫不决，那么真是浪费了年轻的资本。

想好了就去做，不要把时间都浪费在犹豫上，不需要担心失败，需要担心的是你没有勇气和魄力去做。

我听过一句话："你所面对的唯一压力，就是改变自己的压力。"我深以为然。

而我的朋友 R 君的经历刚好印证了这句话。

R 君说："我刚从学校毕业时，首先想的是尽快找一份工作，先稳定下来。但是我其实一直都想创业，然而创业所带来的风险让我犹豫不决。有一天我问自己：一份稳定的工作，每月按时拿工资，

【自我成长篇】 少女啊,请不要在妙龄时就"枯萎"

难道你愿意一生都这样度过吗?为什么有自己想做的事情却不去做?为什么不敢创业?也许错过了这次机会,以后就不再可能创业了。于是我做了决定,开始自己创业。在做出决定之后,久违的轻松感又回到了我身上。虽然之后的创业历尽磨难,其间曾失败过几次,但是我对于当时这个决定从来没有后悔过,因为这是我真心想做的事,是我依内心的真实感受做的决定。"

现在的 R 君,已经是一个小有规模的互联网公司的老板,即使这两年经济大环境不好,R 君的公司也始终保持盈利。

他对我说:"就算以后经济环境再差,公司不景气,也没有关系,我已经做好了迎战的准备。"

*"我压力最大的时候,是下决心之前。"*

## 从未开始过,怎么能说晚?

我从小没有做过饭,直到结婚后才开始学。在那之前,我只会蒸米饭和煮泡面,并且自认为不会做饭没什么问题,也不愿意去学。

一天,老公的一位朋友请我们去他们家做客。当我们到他家时,他老婆已经将所有食材都准备好了,肉在锅里,已经炖得差不多了,水果切好,已经放在盘子里,凉菜基本都已经完成,就等她来炒两个热菜就大功告成了。

我们到他们家 20 分钟之后,所有菜肴都上了桌,我们开始吃饭了。我对饭菜的味道赞不绝口,也非常羡慕,便对女主人说:"你做饭手艺真不错,真羡慕你,我要有你一半的水平,我们也不用经常在外面解决了。"

而她微微笑了一下说:"我上初中时学的做饭,其实非常简单,没有你想象的那么麻烦,你只不过是没有自己试过而已。"

我讪讪点头:"我现在学做饭是不是已经晚了?"

她摇摇头:"你都没有尝试过,怎么能说晚了呢?"

然后我们没有继续这个话题,开始讨论其他事情。

在老公朋友家度过愉快的一天之后,在回家的路上我内心不平静了。我意识到对方说的是正确的。

都没有尝试过,怎么能说晚?

我意识到:*不会做饭给我带来过很多麻烦,但因为我一直都心安理得,所以从来没有想过要改变。*

回到家之后,我立刻从网上订购了一本菜谱,从最基本的切菜、煲汤开始学起。我的第一份作品番茄炒蛋出来时,虽然色香味欠佳,但是我却吃得津津有味,并且一边吃还一边夸自己:我快要成为一名合格的厨师了!

学会炒简单菜之后,我开始学习更多复杂菜的做法,如今各种菜都已是得心应手。

学会做饭之后我才明白,很多事情不是你学不会,也不是因为现在学习太晚了,而是因为你从来没有想过去尝试。任何事情都是迈出第一步比较难。

学会做饭给我带来了成就感,成就感是需要通过自己的努力得

【自我成长篇】 少女啊，请不要在妙龄时就"枯萎"

到的，而在此之前，我没有想过付出，却想得到成就感。

很多人有我这样的心理，轻易地给自己下定论："这件事情我做不了，现在学习太晚了。"

然后就心安理得的，宁愿将宝贵的时间花在看电视、玩游戏、毫无意义的社交活动上，也不愿意尝试去学习。

从现在开始，腾出一些时间给那些对你有用，而你又从没有尝试过的事情。

蔡康永有一段话，我觉得很有道理：

*15岁觉得游泳难，放弃游泳，到18岁遇到一个你喜欢的人约你去游泳，你只好说"我不会耶"。18岁觉得英文难，放弃英文，28岁出现一个很棒但要会英文的工作，你只好说"我不会耶"。人生前期越嫌麻烦，越懒得学，后来就越可能错过让你动心的人和事，错过新风景。*

# 8 什么行为会让女孩子显得庸俗？

## 为什么别人都讨厌你

我的第一份正式工作开始时，是和3个女孩一起入职的。3个女孩的家境都还可以，虽然能力各有高低，但是大家年纪差不多，背景差不多，开始时关系都很好。

入职两个月后，我发现其中两个女孩中午吃饭的时候常常只叫我，不太爱叫另外一个女孩A了。周末大家约好一起去唱歌，我到了才发现没有A。

我问其他两个女孩为什么没叫A。

女孩B撇撇嘴说："看不上她那样。爱贪小便宜，上次公司发给咱们几个一箱芒果，她先挑了十来个，全是最大的，我最爱吃芒果了！好吃的全被她挑走了！我觉得这女孩挺没意思的。"

女孩C说："嘴也没把门的，喜欢乱开玩笑。上次问我家庭情况，问完我又问我男朋友，最后竟然说，你们两个挺配，一个凤凰女一个凤凰男。她什么意思啊！我当时就生气了，她还说让我别生

【自我成长篇】 少女啊，请不要在妙龄时就"枯萎"

气，她就是说话特别直。把我气死了。"

她们这么说，我也想起 A 让我不太舒服的地方。我刚毕业的时候，我妈给我买了香奈儿包作为我的毕业礼物。

有次公司聚餐，我就用的那个包，A 围着我转了半天，一个劲儿问包是真的假的，花了多少钱，我都搪塞过去了。

从那儿以后，A 特别喜欢在我面前说，她的包是她男朋友给她买的，花了多少钱，总是钱钱钱的，我也觉得很不舒服。

最后 B 总结说："你说 A 吧，也不是特别坏。她还是挺仗义的，自己的工作不会推给别人，做错了事也会自己承担，但是怎么就让人感觉……感觉那么庸俗呢？"

这件事已经过去很久了，我也早就离开了那家公司，但是这件事和 B 最后的话，我一直记在心里。

有时我也会想：什么样的行为会让女孩子显得庸俗呢？

### 行为 1：贪小便宜

如果一个女孩不希望自己显得庸俗，那么首先要做到不贪小便宜。一切都被别人看在眼里，你以为只是无意间的一个举动，也许别人已经给你贴上了标签。

不贪小便宜是男女皆适用的原则。2014 年，一个名为《寒门再难出贵子》的帖子引起轩然大波，关于寒门到底能不能出贵子的讨论也异常火热。

而我对那个帖子中一个叫治国的男孩的经历印象深刻，正是贪小便宜这个无意识的举动毁掉了他的前途。

## 寒门再难出贵子

作者：永乐大帝二世

　　如果一对父母能为孩子起名治国，那么对孩子的期望一定很大。治国是班长，也是学生会干部，篮球打得很好，在风控部实习，很不错的孩子，经常看他抱着一沓沓的资料跑上跑下。风控部权力最大，业务最多，资料、文件自然最多，这点比较累，没完没了地复印文件，没完没了地开会。

　　治国很勤快，也会说话，在学校做学生干部要是在三十年前也许前景很好，但是现在，不是一个使劲干别人就说你好，肯为你说话的时代。治国长得很帅，但是没用，没有人指导他，没有人告诉他怎么去做，什么事都是他去摸索，也许治国以后会出人头地，但是40岁之前，他的命运已经确定了。要让现实碰得头破血流才知道社会的真相，才能磨合好自己。治国后来没有留下，几经面试找了一份保险公司的工作，很辛苦，后来逛街见过一次，看得出挺累，挺辛苦。

　　但是我觉得治国还可以，我就是想不通，为什么风控老总不肯为其说句话，如果他说的话，我也许会给他点儿助力。这是后来风控老总和我在一次饭局中的谈话，风控老总说，有一次他看见治国把接待用烟往口袋里塞了两盒，这事让他彻底地否定了治国。

　　后来我让小胖问治国，拿烟做什么，小胖给我的答案是：治国

【自我成长篇】 少女啊,请不要在妙龄时就"枯萎"

想回家的时候带给父亲抽,因为父亲没抽过几次中华烟。

我当时的感觉,真是一个字:哎。

还是小胖点醒了我,说治国家境不是很好,也没啥坏心眼儿,就是想给父亲拿点儿烟抽,我一下明白了。

风控老总懒得去明白,也不想了解这孩子为什么把接待烟装走,但是这个细节,让他彻底否定了这个优等生。

这不是什么大事,但是这个细节让其觉得治国讨厌。

治国觉得有那么多中华烟,拿几盒给父亲也没什么,让父亲尝尝好烟的味道。那些烟本来就是接待的,和偷压根儿没有关系。

但是就是治国的这份孝心,让治国的形象在他们老总那里大打折扣;也是因为没有,这个没有抽过几次,让治国没有了机会。

我问小胖:要是你,你会拿吗?小胖说自己买不行啊,这种东西实习生拿了不好,反正就是不好。

这就是差别,是小胖高尚不会有那种想法吗?是小胖家里可以买,不会去做。治国也许也知道拿烟不好,但是因为自己只是实习生,烟很好,自己买太贵,出于孝心就拿了,其原因还是家庭吧。后来我知道是因为这件事风控的老总烦了治国,我也无法再为其说话,这个结果,真的有点无以名状,是家庭的原因还是什么?我也没弄清楚。这孩子挺可惜。

故事中的治国和小胖,一个来自农村家庭,一个来自商人家庭。后来这个楼主总结小胖和治国的行为差异的时候写道:

总结了一下，家庭优越的孩子比较不惜财，相对性格也开朗一些，以前我一直觉得家庭普通的孩子应该更朴实一些，但是通过观察这些孩子，再联系到自己的朋友、同事，真的，家庭条件差的大多都有些狡黠，做事心理有计算过程，这个计算过程对父母来讲是好事，比较节省，但是对自己的发展、交友、人生态度是一个很大的思维框架，往往会跟随自己一生。

可能大多数女孩不会做得像治国那么明显，把烟揣到自己的兜里。但是很多时候，吃饭的时候是不是主动 AA 制甚至主动买单，同事帮你买了水是不是第一时间还给对方钱，别人让你挑选零食你拿了多少，你自己买的零食有没有分给同事，这些都会暴露你的品质。

总而言之，不要太惜财，如果你赚的不多，那就把精力放在赚钱上。

**行为 2：乱开玩笑，还说自己说话直**

再也没有比这更尴尬的了。前两天我看到一个朋友在朋友圈里义愤填膺地说：跟你开玩笑是看得起你，你得反思为什么别人都开得起玩笑，就你开不起，你是太敏感了还是玻璃心？玻璃心就回家，别混社会了。

有趣的是，我这个朋友就是一个特别喜欢开玩笑的人，经常开

【自我成长篇】 少女啊,请不要在妙龄时就"枯萎"

一些别人无法接受的玩笑。你要生气,他还说他就是这样的人,说话不过脑子。

"你别生气。你还生气啊?你怎么这么放不开啊?开不起玩笑,没意思。"

成年人的基本涵养就是不给别人添堵。

**行为 3:总是把钱挂在嘴边**

如果自己买得起奢侈品,用的都是名牌包包,千万别张口闭口不离这些牌子。

如果自己买不起,看到别人买了,也要不卑不亢,在别人提起的时候顺嘴夸奖一下,没什么难的。

最重要的是,任何时候都不要主动提起价格。

我有个白富美朋友,在回答别人"这个多少钱"的问题时,永远是反问:你猜?

别人说出任何一个价格,无论是几千还是几百,她都会笑笑说:差不多。

你永远不会从她嘴里听到"这个多少钱""这个花了我多少钱",我觉得这样很好。

除了这些,还有以自我为中心、没有教养、不懂得"不要给别人添麻烦"等。

如果不想让自己显得庸俗,那么女孩啊,先从自检开始。

## 什么细节会让你显得"高端"?

*和一群人在一起的时候能够顾及他人。*

当你和一群人说话时,若发现周围有被忽略的人,请主动找一个话题让这个人也参与进来。

*不给别人添麻烦是最好的教养。*

我刚参加工作时,每个周末都会去图书馆看书。一次,我正在看书,一个背着书包的男生在我旁边坐了下来。这个男生先是将书包放下,然后挪动座椅,坐好之后将书包里的书和杯子取出来放到桌子上,所有的动作都非常小心,努力把声音降到最低。虽然我没有注意他的长相,但是我相信他一定是一个阳光帅气的大男孩。

我上大学时,有一次晚上去水房洗漱,洗到一半时一个女生拿着水盆来接水,因为当时水房的人比较多,只有我旁边靠墙的位置还有很小的空位,离我很近,于是她在接水时用一只手挡在水盆边上,不让水溅到我这边来。我对她微微笑了笑,虽然不认识她,但是感觉她一定是个温柔可爱的女生。

*不故步自封。*

对于自己不知道、不了解的新鲜事物和看法,应该采取海纳百川的态度,不要被自己固有的认知所妨碍。

当你发现自己的错误时,要有勇气去承认,然后立刻更正。

*不卑不亢,不炫富。*

家境富裕,但从不刻意显露出来,从不认为自己家境富裕就高

【自我成长篇】 少女啊,请不要在妙龄时就"枯萎"

人一等。

家境贫困,但不会仇视有钱人,当周围的人谈论奢饰品时不会冷嘲热讽。无论同什么阶层的人打交道,都能以平常心对待。

*有一定的"城府"。*

说话能够分清场合,不是所有事情都应当直截了当地说出来。比如,你的朋友拿着男朋友的照片给你看,问你怎么样,此时无论你的看法是怎样的,都应该给予适当的夸奖。同样的道理,你对包包有研究,发现朋友背的品牌包是假的,这时不能直接指出来,如果担心朋友被骗了,也要在没人的情况下委婉地提醒。

总而言之,善良、谦虚、沉稳、有一定教养、懂得为别人着想,才是让女孩子显得高贵的最好品质。

# 9 活力才是快乐之源

我上精英班的时候,老师在第一节课提出一个问题:怎么才能过快乐的生活?

同学们讨论一番后,老师在黑板上写下两个字:活力。

"要想不过死水一样的生活,首先要找到生活的活力,活力是我们生活快乐的源泉,也是我们应该追求的目标。"

**起床要利落,拖延只会增加你的痛苦系数**

即便是再严寒的冬天,从起床到适应周围的温度最多也就需要几分钟的时间。如果你不愿意起床,总想在温暖的被窝里多待一会儿,这只会延长你起床后痛苦的时间。

当你不想起床时,你可以告诉自己:起床只需要难受 3 分钟而已。

**起床后,先做几个热身动作,让身体充分打开**

如果时间允许,起床之后你可以先做几个简单的热身动作,让

【自我成长篇】 少女啊，请不要在妙龄时就"枯萎"

休息了一晚上的身体活动开。你也可以喝一杯温水，感受水从喉咙一路到胃里，告诉你的胃起床了；或者是走出房屋，到外面呼吸一下新鲜空气。

无论你起床之后先做什么事，请记得在做这些事时告诉自己：美好而崭新的一天开始了。

**想要生活更舒适，请制订生活计划**

有时，我们会出现不知道该做什么的状况，这种状况会给我们带来压力。

事实上，当你的生活有计划时，你就会变得平静而充实。

**调整好自己的状态再出门**

当你感觉状态很糟糕时，会不愿意见任何人，也不愿意做任何事情，不自信心理同时产生。所以，在出门前先要调整好自己的状态，人们总是愿意和自信满满的人打交道，而不喜欢萎靡不振的人。

**面对忙碌要学会休息，不要被压力击垮**

很多人有这样的感觉：一天到晚都非常忙，但仔细算算，其实做的工作并不多。

为什么工作不多，你却又忙又累？这是因为你没有学会休息，你的大脑以及身体没有得到适当的休息，一直都在低效率运作。

据专家研究，人保持注意力集中的时间是 45 分钟左右，并且在开始的 15 分钟和结束前的 10 分钟做事效率是最高的。所以，你要学会将自己的工作进行分割，隔一段时间就让自己休息一会儿，让工作形成一种节奏。

这样，一天下来，你会发现自己的工作效率始终很高。

**睡眠是一种休息，别让休息成为你的压力**

人的一生大约有 1/3 的时间是在睡眠中度过的，良好的睡眠对于人的身体健康和心理健康都非常重要。然而，正是因为知道睡眠的重要性，一些人在睡眠时非常紧张，担心自己睡不着，结果越担心越睡不着，越睡不着越担心，形成恶性循环。

其实，你没必要为睡不着而担心，入睡前你可以想象自己在一片草地上漫步，或者将注意力放在呼吸上，感受空气进入自己的身体再出去，慢慢地降低呼吸频率。你也可以从网上搜索有助睡眠的音乐，听着音乐入睡。

**适当的休闲是绝对有益的**

休闲并不是娱乐，这两者之间还是有区别的。休闲可以让你身心放松，当你结束一天的工作之后，可以出去散散步、听听音乐，总之就是做一些你喜欢做又能让你内心感到平静的事情，这会让你的身心都得到休息。

【自我成长篇】 少女啊,请不要在妙龄时就"枯萎"

**作息规律**

良好的作息习惯也是十分重要的,你可能因为工作或者其他原因,不能早睡早起,这也没有关系,你只要保证自己的作息时间规律就可以,也就是每天入睡和起床的时间一致,这样生物钟也能规律起来。

**永远保持开放的心态,不要随便否定未知事物**

我不知道大家有没有注意,有些上了年纪的人不喜欢变化,不喜欢新鲜事物,喜欢否定一切。

大多数老年人都是这样的,有些中年人甚至也是如此。他们对生活的任何变化、任何新事物都持否定和批评的态度。

总之,一切都是过去的好,而过去常常是很多年以前。

当你也开始否定一切的时候,就是你失去活力的时候。

*不要成为否定一切的 A 小姐*

我的朋友 A 小姐,是一个喜欢否定一切的人。无论碰到什么事情,她都会以负面的态度来看待,不管是对自己还是对其他人,都是如此。

对于自己的工作,她的评价是:"没有什么前途。"

对于自己的领导,她的评价是:"没有什么能力却总是一意孤行。"

对于自己的客户,她的评价是:"什么都不懂还特别挑剔。"

总之,无论什么事情,她都会予以否定。

一次,A 小姐所在的公司有一个中层管理岗位空缺,要进行内部竞聘，她也参加了。从综合情况分析，A小姐各方面条件都比其他竞争者有优势，她的资历深，能力也很强，公司领导也想让她得到晋升，但她自己却并不知道。

A小姐又放弃了，虽然她想得到这个职位，但是她对自己予以了否定。

"竞聘的人有好几个，个个都比我优秀，我胜出的可能性不大。我还是安心做好自己的工作吧，不用抱太大希望，去试一试就可以了。"

结果可想而知，抱着这种态度，在竞聘过程中自然不可能全力以赴，最终这个职位被其他同事得到，而且公司领导对她的看法也发生了变化，她也感觉到了，但就是不知道为什么。

像A小姐这种性格的人在生活中并不少见，究其根本是因为懦弱，继而不断否定，同时，这也是为自己的不努力找借口。

不愿意努力、不愿意改变、不断否定，是人生停滞的开始。

很多时候，我们距离成功是非常近的，但因为我们不愿意努力，不断地否定自己，结果往往导致失败。

害怕失败，就会导致你害怕去尝试，也就不敢全力以赴去做一件事。

"希望越大，失望越大"。如果你都没有尝试过，又怎么知道一定会失败呢？

我想很多人都是如此。

【自我成长篇】 少女啊，请不要在妙龄时就"枯萎"

# 10 目标导航：幸福

## 过有目标的充实而愉快的生活

在我们步入社会之后，经常会这样感慨：从同样的一所大学毕业，年龄一样，老师一样，甚至家庭背景也相差无几，但是短短几年时间，就会产生巨大的差距。这种差距让那些混得不好的人非常不解，原来在学校时大家都一样，为什么现在差距这么大呢？

我就自己多年的观察得出一个结论：那些在毕业之后很快混得风生水起的女孩，往往是因为在学校的时候，就已经给自己制订了一个大目标，然后将这个目标层层分解成小目标。她们每天都在为自己的目标努力，一个个小目标在她们的努力下陆续达成，最终，她们达到了自己的大目标。

所以，我们的目标是：过有目标的充实而愉快的生活！

### 目标让你更幸福

设定一个正确的目标，不但能帮助我们更好地完成任务，还能让我们产生幸福感。

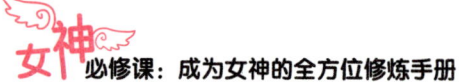

必修课：成为女神的全方位修炼手册

有些人可能觉得每天吃喝玩乐，生活无忧无虑，才会有幸福感。实现目标一听就感觉非常困难，做这么困难的事情怎么会有幸福感呢？

而事实并不像人们想象的那样，比如很多人期待自己早日退休，因为退休之后不用工作，还有收入。但当他们真的退休之后才发现，生活并不像他们想象的那样美好，相反，更多时间是在闷闷不乐中度过的，这就是因为失去了奋斗目标。人生无论处于哪一个阶段，一个正确的目标都能够让你的生活充满激情和快乐。目标是要付出辛苦和努力才能达到的，这就意味着你将面对挑战。挑战会带来紧张和刺激感，这种感觉会让你的潜能不断被激发，成就感会成为你幸福的源泉。

你可以先制订一个大目标，然后将这个目标进行分解。也许这个大目标需要十年才能达到，你可以将其分解成未来十年内每一年你要完成的小目标，然后再划分到每个月，每个星期，甚至每一天。当你面对每天的目标时，就不会有压力了，原来对目标的怀疑，会转变成为达到目标而努力。这时，你的生活将会发生翻天覆地的变化。

目标能够激励我们前行，给我们平静的生活注入激情。虽然目标的实现无法产生持续的幸福感，但是我们在实现目标的过程中将找到长久的幸福感。

那么，如何设定自己的生活目标呢？

【自我成长篇】 少女啊，请不要在妙龄时就"枯萎"

# 设定一个明确的目标

不论你现在多大年纪，是上学还是工作，是在小公司还是在大企业，设定一个明确的目标对你都大有裨益。

需要注意的是，你设定的目标要足够明确，因为一个不够明确的目标你是无法评估自己是否已经完成的。

比如你可以将自己的目标设为：在30天之内，要建立一个微信公众号，公众号的粉丝要超过1000人。

这个目标就十分明确，如果你设立的目标是：在未来学会微信营销。这个目标十分模糊，你将没有去完成的动力。

你在设立长远的大目标时要注意，这个大目标要被分解成若干小目标，而这些小目标也必须明确。

一个明确的目标包括以下几个元素：

*时间、内容、可以量化的结果。*

比如你给自己设定的工资目标是：两年之内（时间）在自己所在的行业（内容）达到年收入20万元（可以量化的结果）。

你的减肥目标是：6个月内（时间）通过节食和运动相结合的方法（内容）使体重下降5公斤（可以量化的结果）。

*避免无意义、无法量化的目标。*

我们在设定目标时就说过，设定的目标必须要足够明确，能够被量化，这样你才能验证自己是否完成了目标。经常有人给自己设定这样的目标：一个月内将某某课程全部看完。

这种目标制订得有意义吗？你在一个月内将课程都看完了又能怎样？看完就是消化吗？你能够得到的结果是什么？

这种目标就是无意义、无法量化的目标。

## 对目标进行分解

制订好目标之后，先问自己一个问题：你需要满足哪些条件才能达成自己设立的目标呢？

达成目标所需要的每一个条件，都是你将大目标分解出来的小目标。

如果你不知道达成自己的目标需要满足的条件，那么我有个非常简单的方法介绍给你。

比如，你目前的目标是两年内，在广告行业达到年收入 20 万元。目标确认之后，首先要去招聘网站搜索广告行业的招聘信息，看那些年薪达到 20 万元的工作岗位有哪些条件限制，这就是你达成目标所需要满足的条件。你的目标应该是一个一个满足那些条件。

此外，如果你想要在广告行业达到年收入 20 万元，那么首先要做的，就是进入广告行业，所以分解出来的第一个小目标应该是："在一个月之内进入一家广告公司"。

然后对这个分解出来的目标再次分解。

我们需要做哪些事情才能在一个月之内进入一家广告公司呢？

首先,我们需要花费一到两天的时间制作一份简历。

其次,在半个月之内做出两份作品,面试时使用。

最后,再利用 7 天时间,详细了解自己要去应聘的公司,熟悉公司的所有情况。剩下的时间就是为 HR 的提问做准备。

这时,相信你已经明白,当你设定一个目标之后,是可以不断对该目标进行分解的。

要分解到:你可以知道自己每一天的计划。

这样你就不会无所事事地度过一天又一天。每完成一个分解出来的小目标,都会让你与最终目标的距离更近一步。

## 付诸行动

只有目标,不去实现,那就没有任何意义,只有配合行动才会有结果。

行动会影响你的态度,增加你的自信心。习惯是我们培养出来的,同时也会对我们产生影响。如果我们改变了自己的态度,但是习惯却没有改变,那么过不了多长时间,态度就会受到行为的影响又回到原来的状态。所以,你头脑中各种积极向上的想法说明不了什么问题,除非你已经开始行动。

不要再拖延,从现在开始行动,虽然改变习惯非常难,但是实现目标没有其他捷径。一切从努力行动开始,最终你将会收获快乐和希望。

我有一位叫楠楠的朋友，她身高只有 155 厘米，但是体重却有 90 公斤。据我所知，她这些年没少因为体重被嘲笑，而她也一直在减肥，却没有什么效果，反而越来越胖。

楠楠第一次决定减肥是在她上高中时，当时她 60 公斤，同学们总是拿体重开她的玩笑，于是她下定决心要减肥。

当时她采用的方法是节食和跑步，每天早上绕操场跑 6 圈，下午再跑 6 圈。

到第 5 天时，已经吃了几天青菜的楠楠看着食堂的炸鸡腿、红烧肉，再也禁不住诱惑，大吃起来。于是，第一次减肥计划失败。可怕的事情还在后面，因为连续几天吃不饱，这让楠楠在恢复正常饮食之后出现了暴饮暴食的情况，并且她身体的基础代谢率发生了很大的变化，在减肥失败之后的几个月里她又长了 20 公斤。

之后便进入了大学。

刚进入大学的楠楠体重已经达到 80 公斤，这让楠楠很自卑，但是第一次减肥失败后体重的增加让她心有余悸，所以不敢再轻易尝试减肥，只是将减肥挂在嘴上。

没过多久，楠楠暗恋上一个男生，为了自己的爱情，她决定拼了，开始了第二次减肥。

和第一次一样，第二次减肥她也只坚持了几天，然后又被美食所击败。之后，她的体重又迅速增加，成为了 90 公斤。

之后楠楠再也不提减肥了，因为她对减肥、对自己都已经失去了信心。

【自我成长篇】 少女啊,请不要在妙龄时就"枯萎"

要知道,只有目标没有行动,或者行动总是半途而废,往往比没有目标更糟。

## 练就 4 项能力,帮助你实现自己的目标

有 4 项能力能够帮助你把目标变成现实:开始做一件事的能力、坚持的能力、反复做一件事的能力和突破的能力。这 4 项能力看似简单,但你仔细分析就会发现,绝大多数人并不具备这 4 项能力。

**开始做一件事的能力**

也许你曾多次想学习这样或者那样的技能,但最终都不了了之。假如你在上大学,现在想要多学习一个专业,但是你连那个专业的基础课都没上过,也没有去上课的计划,自然不可能学会。

**坚持的能力**

关于这一点,相信很多人都有体会,任何事情都需要坚持才能成功,否则只能失败。你开始学习一种新的技能,但是只有短短几天的热情,一面对困难就不愿意学了,这就等于没学过。如果不学会坚持,那么你终将一事无成,碌碌无为。

### 反复去做同一件事的能力

失败会使人产生恐惧，进而不愿意再去尝试，害怕再次面对失败。而有些人即使做一件事成功了也不愿意去重复，认为既然已经成功了就没有必要再重复做了，可是很多知识和技能都是需要不断重复来巩固的。不具备反复去做同一件事的能力，只会让之前的成功转变成失败。

### 突破现状的能力

很多人在进入一个自认为满意的状态后，就不愿意再向前有所突破，拒绝新知识和新观念，认为自己所掌握的东西已经足够了。这种情况在30岁以上的人身上出现得比较多，而他们却并没有意识到自己已经成为"老顽固"。在当今社会，竞争激烈，人生如逆水行舟，不进则退，不愿意接受新鲜事物最终结果就是被淘汰。

现在你需要做的，就是分析自己的自我管理出了什么问题，是什么事情造成的。是什么让你不愿意开始做一件事情？是什么因素导致你不能将一件事情坚持下来？你为什么无法反复做一件事？你为什么不能突破现状？然后针对出现的问题找到解决问题的方法，逐个去解决。

# 【外貌修炼篇】
## 在练就金身的征途上斩妖除魔

# 11 颜值不高,也能使形象大变身

## 美人就是好身材、好皮肤、好头发

有一位朋友曾对我说:"所谓的美人就是身材好、皮肤好、头发也好。"

我刚听到这个说法时感觉有些简单粗俗,但仔细想一下,确实有些道理。

第一要素:身材匀称。一个女孩只要身材匀称,不论是高是矮,是胖是瘦,只要不是太出格,给人的第一印象都不会太坏。

身材过关,再细看皮肤,若皮肤光滑而紧致,就能够让人赏心悦目。

而头发则是一个人整体形象中非常重要的一部分。头发柔顺光亮,再加上之前的身材和皮肤,那必然就是一个美女。相比之下,五官的重要性反而在其次了。

有点不好意思地说,我就是典型的*"天生长得一般,硬性条件只能打6分,但是常常被认为是美女"*的人。

【外貌修炼篇】 在练就金身的征途上斩妖除魔

这些年,我遇到过很多"颜值"优于我,却不被认为是美女的人。

看起来不够美,固然有先天因素和后天环境的限制,但是还有很多可提升的分值是掌握在你自己手里的。

那么接下来,我们就来讨论一下颜值不高的女孩该如何变美。

## 外貌 = 先天条件分值 + 后天分值

我家楼下有个小超市,我几乎每天下班都要去买瓶矿泉水或者其他东西,那天我买的东西比较多,结账的队伍也排得很长,我百无聊赖,就四处观望。

我注意到我前面的女孩的手形很好看,然后我看到她的个头有167厘米左右,虽然穿着平底鞋,仍然显得很高挑,她是典型的鹅蛋脸。但是她的缺点也很明显:头发的颜色很糟糕,因为太久没补染,颜色明显分层了,随意地扎在一起,显得很乱。她身材微胖,脸上的肤色有点暗黄,再加上眉毛稀疏、唇色暗淡,所以五官看起来并不出彩,但我却瞬间意识到这是一个美人胚子。

电影《恶魔穿着普拉达》中,即使是安妮·海瑟薇这样的大美人,在不认真打扮的情况下,也没有人把她当成美女(如图11-1所示)。电影固然有夸张的成分,但是电影一开始安妮的随意,和后半段中打扮后的魅力四射(如图11-2所示),无疑形成了鲜明的对比。

图 11-1 《恶魔穿着普拉达》安妮变身之前

所谓的美人胚子就是硬件和骨骼都过关,只要好好打扮打扮,化个妆,就能让外貌分值提升40%以上的女孩。

如果一个人的外貌有60%是先天决定的(大多数人分数相差不大,如果60分是满分,美女和普通女孩的先天分值可能是55分和35分的差别,差20分左右),那么,至少有40%的后天分值是你可以争取的。

【外貌修炼篇】 在练就金身的征途上斩妖除魔

图 11-2 《恶魔穿着普拉达》安妮大变身之后

如果你的先天分数是 35 分，那么你只要后天分数也得到 35 分，你的整体分数就能到 70 分。而一个颜值高的美女即便先天分数是 55 分，却不注意打扮、邋里邋遢，后天分数只有 15 分，那么她的整体分数加起来也才 70 分，和你一样。

除了我，没有人注意到这个女孩是个潜在的美女，可能她自己也没有注意到。

你可能要非常努力，才能和先天就美的人分数差不多，但是美就是美，当别人看到你的时候，只看结果，不问过程。

## 外貌美不美，主要受什么因素影响？

影响颜值的因素有很多，综合来说，这些因素的排列为：

身材→仪态→服饰→皮肤→牙齿（整个下颚骨）→头发（按照重要程度排列）

在这几种因素中,任何一方面有硬伤,都会影响别人对你的外貌的观感。

舒淇和莫文蔚都被人们认为五官很普通(当然我觉得她们长得非常有味道),但却不影响她们是美女的事实,因为她们始终保持姣好的身材、优美的身姿和良好的品位,更不要说头发和皮肤的状态了。

身材、皮肤、穿着、牙齿、头发、仪态,这些都是你可以通过自律和努力来使其更加完美的。

只要后天努力修炼,每个女生都可以变得更美丽。

有部香港老电影叫作《猪扒大联盟》,猪扒是香港话,意思是超级丑女。在这部电影中,有4个超级丑女,都是由现实中的美女演员扮演的(如图11-3所示)。

图11-3　香港电影《猪扒大联盟》剧照

她们在电影中,因为秃头(头发)、龅牙(牙齿)、男人婆(其

实是体毛和穿着的问题）等问题成为别人眼中的丑女。

美女会因为头发、牙齿、穿着等问题变成丑女，相应的，当丑女改善了这些硬伤，就可以大幅度提高自己的颜值。

关于皮肤保养的问题本书有专门的章节介绍，关于穿衣和体态（练就芭蕾气质）在其他章节将做详细的论述。

简单来说，你需要做的是：保养皮肤、改善牙齿、保养头发、学会化妆、学会穿搭、保持体态。

做到这几点，你就会有翻天覆地的变化，尤其是那些不懂保养，平时从未认真保养过的女孩。

# 12 女神们都是保持美貌的

## 自律是美貌的第一生产力

外貌的美需要严格的自律,一个没有自制力的人是不可能在先天颜值一般的情况下成为美女的。

成为美女需要自律。

就是那种即使加班到深夜,回到家也要先躺着敷 20 分钟面膜再睡觉的自律。

就是那种严格控制饮食,任何时候都不喝饮料,哪怕体重只上升了 1 公斤,也会立刻加大运动量的自律。

就是那种为了皮肤好,从最喜欢喝酒吃辣,变成坚决不喝酒不吃辣的自律。

就是那种曾经最爱吃甜食,但是已经 N 年没有踏足过面包房、糕点房的自律。

就是那种游泳、跑步,从来不懈怠锻炼的自律。

就是那种从生完宝宝开始,每周坚持做至少三次瑜伽的自律。

【外貌修炼篇】 在练就金身的征途上斩妖除魔

## 她们更重视牙齿

口腔健康是人体健康的一面镜子,是全身健康的重要组成部分。健康的口腔的标准是:牙齿清洁、色泽亮白、没有蛀牙、牙龈健康、口气清新。女神往往更早地意识到牙齿对美丽来说是多么重要。

牙齿是非常非常重要的!

无论其他部位多美丽,如果牙有问题,那就注定与美女无缘。

牙齿是容貌的重要组成部分,健康的牙齿给人以美的感觉。牙齿不齐的请矫正,有智齿横生的请拔掉,龅牙的、骨性问题的、龋齿的,都要尽早治疗。

## 她们更重视细节

当一个女孩能够让人看上去赏心悦目时,她就会开始追求细节。

这些细节包括:

- 头发的颜色与自己是否匹配。很多女孩喜欢染头发,如果染成深色可以维持三四个月;但是有些女孩喜欢染浅色,而且没有及时补染,时间长了头发就会出现明显分层的情况,非常难看。
- 指甲也是需要注意的细节。一个人的干净以及精致程度,只要将双手伸出来看一下指甲就一目了然了。另外,指甲的颜色也需要注意一下,原则只有一个:只要适合你的肤色和气质就可以。我自己比较喜欢天然的肉粉色,如果不满意自己指甲的天然色,可以选择一款其他颜色的指甲油对指甲进行修饰。浅粉色以及淡红色,适合走温柔路线的女孩,豆沙色适合成熟的白领女性。

● 衣服上的细节也需要注意。夏天穿衣服不要太过暴露,穿露肩衣服时要搭配无肩带内衣,不要选择透明带的内衣,丝袜出现勾丝、破损时不要再穿,冬天的袜子要注意是否起球。

● 最重要的就是个人卫生,洗脸洗头属于日常必做的事情,就不多说了,这里需要提醒的是指甲、脖子以及耳朵这些容易被忽视的部位。

# 13 给你的减肥计划确定一个周期

## 减肥周期应该多长

减肥首先要制订一个目标,即你想要达到的体重,然后根据自己现在的体重,计算出自己要实现目标需要减去的重量。

最好将你的目标体重再下调1～1.5公斤,减过肥的女孩都知道,减肥结束后会有反弹,所以下调1～1.5公斤是给反弹留出的空间。

每个星期减少0.5～1公斤是比较健康的,当然这不是固定的,体重基数不同减重也不同。65公斤以下属于小基数,每周能减少0.5公斤已经非常好了;65公斤以上属于大基数,每周的健康减重范围是0.5～1公斤,美国运动医学会给出的标准是每周减少1～3磅即为健康减肥。

比如,目前你的体重是65公斤,你想要将体重减到52.5公斤,那么你需要减少的重量就是12.5公斤。我们按照一周0.5～1公斤的减重速度来计算，可以得出你的减肥周期大概为 21 周。

减肥速度如果超过了每周 0.5～1 公斤，就有可能对你的身体健康造成一定的影响。

通常，减肥要坚持 3～6 个月才能有较好的效果。

### 短时间内快速减肥能做到吗？

短时间内快速减肥是可以做到的，但这是有代价的，代价就是你的健康。快速减肥的方法会改变你的基础代谢率，而且同样会快速反弹。

所以，不要想着在短时间内瘦下来，以健康的方式减肥才是最重要的，在健康的减肥过程中改变过去错误的生活方式。

一般在减肥初期，从饮食上进行控制会取得明显的效果，但是到减肥后期，饮食控制就没有太大作用了，运动是减肥后期的主要方法。

而且，在你减肥成功之后，运动也不能停止，因为你需要通过运动来保持自己减肥后的身材。

## 最佳运动频率：每周 6 天 ×60 分钟

只有高频率的运动才能够减脂，因为减脂是所有热量消耗的综合结果，所以减脂的运动频率一般要达到一周 6 天。

美国运动医学会（ACSM）对于减脂给出的建议是，每周训练

【外貌修炼篇】 在练就金身的征途上斩妖除魔

必须保证至少 5 天,最好能达到 6 天,并且运动时间也有要求,每次不少于 30 分钟,只有达到 30 分钟以上,身体才会开始减脂。每次运动 90 分钟、一周运动 7 天,能够取得的减脂效果更好。

平时的活动也可以打折计算进运动时间,所以每天专门运动的时间达到 60 分钟,减脂的效果就很容易显现出来。

当你身体热量的消耗超过你的热量摄入,才能减肥,我们称之为负平衡。

想要达到负平衡,除了通过运动来增加热量的消耗,还需要对饮食进行控制,减少热量的摄入。

当你运动消耗大量热量后,身体会产生饥饿感,如果你不对饮食进行控制,就会不经意间摄入过多的热量。最后的结果就是:虽然你运动消耗了热量,但是由于毫无节制地吃喝,摄入的热量多于消耗的热量,无法达到负平衡,减肥失败。

所以,减肥要将运动和控制饮食结合起来,才能达到效果。

*什么运动减脂效果好?*

- 各个部位都要参与。
- 可持续的有氧运动。
- 不要对关节产生太大压力。

能够同时满足以上 3 个条件的运动,减脂效果最好,比如游泳、椭圆机等。

HIIT 是现在比较流行的减肥方法,指的是高强度间歇性运动。但是在我看来,这种方法是否适合所有人还有待商榷。虽然使用

HIIT 能够在短时间内消耗大量卡路里,但是这种运动强度较大,会给身体带来负担,很多人的体质根本不适合。

而采用游泳、椭圆机等运动就不会有身体负担不了的问题。虽然这些运动在单位时间内消耗的卡路里并不多,但是在做这些运动时也不会对人的生理造成压力,可以长时间训练。你可以在椭圆机上跑一个小时,也可以在游泳池里游一个小时甚至更长时间,都不会对身体造成伤害。如果你每天坚持运动一个小时以上,长此以往,累计消耗的热量也十分可观。

*给自己制订运动计划。*

在你制订运动计划之前,首先要确认你的身体是否处于健康状态。比如,你的膝关节有没有损伤、你的腰部是否能做剧烈运动等。定期体检对运动来说也十分重要。

如果你的身体某一方面存在问题,而你却不知道,还强行运动,那么就有可能造成很严重的后果。

制订自己运动的频率:一周运动 5～6 次,每次 60～90 分钟。每周给身体留 1～2 天的恢复时间(如表 13-1 所示)。完整的周期应该是 28 天以上。

【外貌修炼篇】 在练就金身的征途上斩妖除魔

表 13-1 正确的运动步骤

| | | 正确的运动步骤<br>（减脂原理：无氧训练结合合有氧训练。） | | |
|---|---|---|---|---|
| 第1步 | 热身 | 热身是为了在接下来的运动中不受损伤，所以每个部位都要充分活动到，辅以简单的柔韧性训练。 | 重点部位：颈部、胸部、肩部、膝盖、腰部、踝关节。 | 10 分钟 |
| 第2步 | 无氧训练 | 依次训练自己的胸部大肌群，腿部和臀部肌群，腹部肌肉和肩背部肌群。 | 要点在于循序渐进。把每个动作都做到位。一开始可以选择其中一两项做，练后期，肌肉力量增强，可以试着增加项目。 | 10～15 分钟 |
| 第3步 | 有氧训练 | 跑步、椭圆机、跳操等都是有氧训练。 | 心率要达到自己的燃脂心率。燃脂的关键步骤是提升心率，一定要达到燃脂心率，才有减肥效果。 | 30～40 分钟 |
| 第4步 | 拉伸 | 拉伸颈、肩、臂、背、腰、臀、腿、手和脚。 | 拉伸是最后一步，同时也是不可缺少的一步，认真做拉伸，能够使你的锻炼效果事半功倍。 | 5～10 分钟 |

65

## 终身保持好身材的秘密

很多爱美的女孩都在减肥,但是真正能成功并一直保持好身材的女孩却凤毛麟角。

终身保持好身材其实特别简单,就是科学合理的饮食,加上运动,最重要的是,提高基础代谢。

**秘密1:科学合理的饮食**

控制饮食对于减脂来说非常重要。保证每天摄入合适的热量,具体为不高于基础代谢率,不低于基础代谢的80%,摄入过多会影响减肥的效果,而摄入太少又会让基础代谢率降低,也不利于减肥。

饮食构成可以参考这一比例:蛋白质40%,碳水化合物40%,蔬菜20%。

低热量、低脂肪同时具有高蛋白的食物是最理想的。

我建议从以下几种食物里摄取所需的蛋白质:水煮蛋(不要蛋黄)、水煮鸡胸肉以及大多数的鱼肉。有人会疑惑为什么没有经常吃的牛肉、猪肉和羊肉呢?因为这些肉属于红肉,热量比较高,所以不建议吃。

碳水化合物主要来自粗粮,比如南瓜、玉米等,蒸或者水煮的方法都可以。

蔬菜:绿叶菜都可以。

零食:我对于零食的态度是尽量不要吃,如果实在想吃可以选

【外貌修炼篇】 在练就金身的征途上斩妖除魔

择无糖酸奶,或者将坚果当成零食。蛋糕和巧克力这些高热量的零食一定要杜绝。

秘密2:选择适合你的运动

长时间的有氧运动是最适合减肥的运动。

高强度的有氧运动,可以保证身体热量的消耗。

中等强度和低强度的有氧运动适合没有运动基础的新人,同减脂的效果相比,让没有运动基础的新人坚持下来更重要。比如,一项低强度的运动一小时能消耗200卡热量,你可以坚持两个小时,并且不至于让自己感到痛苦,这样算下来一次运动就可以消耗400卡热量。而一项高强度的有氧运动每小时可以消耗500卡热量,但你却连半个小时都坚持不了,一次算下来才消耗不到200卡热量,而且身体感到十分劳累,还可能因此而产生放弃的想法。

你的身体每天支出的热量是:基础代谢+活动代谢(运动以及日常活动所带来的消耗)。

大家都听过"基础代谢率"这个词,但未必都知道是什么意思。基础代谢就是指你的身体处于绝对静止的状态下所消耗的热量。性别不同,基础代谢也有所不同,成年女性的基础代谢一般在1200~1400卡,而成年男性则要高于女性,在1400~1600卡,这就是为什么有些男性虽然吃得很多,但却不容易发胖的原因。

想要减轻自己的体重,首先要控制饮食,每天摄入的热量不要超过支出的热量。

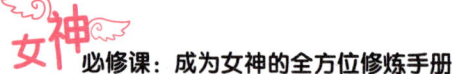

其次要通过运动增加热量的支出,维持或者提高基础代谢。

**秘密 3:提升基础代谢**

*要点 1. 少食多餐*

完全一样的两份食物,你分 3 次吃完和分 5 次吃完的减肥效果是不一样的。

比如,你今天计划吃的食物一共含有 1200 卡热量,通常是 3 次吃完,当你分成 5 次吃完时,就比 3 次吃完更有利于减肥。

*要点 2. 注意保暖*

人体的温度和基础代谢密切相关,具体关系是:体温每升高 1℃,基础代谢就会增加 13%。所以,保证自己的体温,能够有效提高基础代谢。

你可以通过一天中多次运动来提高体温,也可以采用多穿衣服、热水泡脚等方法来提高体温。

*要点 3. 多运动*

运动在消耗身体热量的同时,还会将人体的基础代谢率提高。平时很少运动的人的基础代谢率要低于经常做运动的人。

每周至少要做两次重量训练,器械训练以及俯卧撑、深蹲走等自重训练,新手可以参考《囚徒健身》,里面有循序渐进的训练方法。

每周不少于两次有氧训练,比如跑步、椭圆机、跳操等。

每周不少于两次柔韧性训练。

【外貌修炼篇】　在练就金身的征途上斩妖除魔

# 14 所有的女神都！健！身！

## 瘦成人干，真的好看吗？

这是一个以瘦为美的时代，女孩子们都追求瘦，170 厘米的身高恨不得体重不到 50 公斤，160 厘米的身高目标是减到 40 公斤。

这种病态的审美观往往在学生时代就形成了，有时成年后也无法改变。各种娱乐新闻和时尚杂志告诉人们：只有瘦才是美，甚至匀称都不如瘦更美。

真的如此吗？

有一次我和一个特别瘦的女孩一起去买衣服，她的公司开年会，要穿那种紧身的小礼服。

我们两个兴高采烈地到了品牌店，她很快就选好了一条剪裁简单又贴身的黑色小礼服。

结果她从试衣间出来，我不自觉地想：太难看了。

最小号的礼服就像挂在她身上，她转了一圈，前面是平的，后边臀部竟然是凹下去的。

她也非常尴尬，赶紧脱下重新选了一件蓬松的白色小礼服。

从那儿以后，我去健身房她就跟我一起去，还和我一起烹制健身餐，一起研究怎么增肌。她现在再也不是一个干巴巴的瘦子了，前凸后翘，大腿紧实，各种类型的礼服都适合。

去年体检时，她的体重达到了 55 公斤，足足重了 10 公斤。

我问她："是不是怀念自己 45 公斤的日子？"

她说："从来没有！"

## 病态美已隐退，健康美正流行

在我看来，比起干瘦干瘦毫无肌肉的纤弱身材，健康匀称、活力四射的身材更值得称道和追求。

*最无可争议的美就是健康美（如图 14-1 所示）。*

什么气质什么风格都在其次，好身材本身就是性感。

在电影《寻龙诀》中，39 岁的舒淇身材健美、柔韧、纤细，同时又有一种力量感。毫无疑问，舒淇经常健身，良好的体态让她看起来就像二十多岁。

而有些女星，脸蛋非常漂亮，但是或是靠长期节食拥有了看起来营养不良的身材，或是不忌口不运动有着和美丽脸蛋违和的僵硬的身材，美吗？答案当然是否定的。

身材匀称、柔韧，通常也意味着强大的自制力。任何事都需要坚持，身材也是如此。

【外貌修炼篇】 在练就金身的征途上斩妖除魔

图 14-1　最无可争议的美就是健康美

自制力就是一切。

*能站着就别坐着，能走着就别站着。*

我减肥有一条原则：能站着就不坐着，能走着就不站着，让自己忙碌起来。

站着比坐着更能提高基础代谢。要减肥，除了控制饮食减少摄入量，做有氧无氧运动增加消耗之外，通过多站立多行走提高基础代谢是最简单的方法。

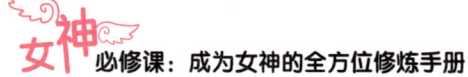

# 15 为什么你从镜子里看到的全是缺点？

**美女啊，你太自卑啦！**

我周围有一些漂亮女孩，如果让她们说一下自己外貌的优点，大多数人说不出来，甚至有些人会说：我也不知道我的外貌有什么优点。

但是如果让她们说一下自己外貌的缺点，那大多数人都能如数家珍般地说出好几个。

"我的头发太糟糕了，稀少、干枯、分叉、发际线较高，我的鼻子上有黑头，脸上皮肤差、容易出油……"这样评论自己的女孩，其实在我眼里非常漂亮。

"我的身材还是太胖了。"说这句话的女孩，其实体重是59公斤，对于身高165厘米的她来说，虽然不算苗条，但也算不上太胖。

看到这里，相信你已经发现问题所在。

不要对自己的缺点太在意，因为外表其实是个整体概念。

【外貌修炼篇】 在练就金身的征途上斩妖除魔

大多数人对自己的缺点十分在意，那些在普通人眼中很漂亮的女孩，对自己的缺点也是相当自卑。

对缺点的过分注意，会让我们忽视自己的整体，导致我们将大部分精力放在掩饰自己的缺点上。

然而我们评价一个女孩是否漂亮时，更多的是从她的整体来判断，而不会去关注她的某个缺点。

如果整体是漂亮的，那么局部的缺点并不会改变我们对这个女孩的印象，这些小缺点还有可能成为她身上另类的美。

周迅是我心目中的女神，很多人在评价周迅时都说"她太矮了"，但是我们可以从另一个角度考虑，如果将周迅的脸放到一个170厘米的身高上，那这个人还是周迅吗？这样的搭配会不会让人有违和感？

当你的整体形象足够优秀时，你的缺点也会成为一种特点。就如同周迅，娇小的身材让她更显灵气。

在对个人形象塑造的过程中，整体才是你最需要考虑的。你在照着镜子分析自己的外貌情况时，要有大局观，不要对局部的缺点耿耿于怀，要从整体上对自己做出判断。比如自己的穿衣风格与自己的发型是否搭配、鞋子的风格与衣服的风格是否冲突、肤色与衣服的颜色是否协调等。

整体的美感才是最重要的。

# 16 抗衰老这件小事

## 保养："皮""肉"均有，内外兼修

年龄是很多女人不愿提及的话题，但是你也会发现一些实际年龄已经不小了，看上去却如同刚大学毕业一样的女人，这就是保养起到的作用，延迟了衰老。

脸部由皮肤和肌肉组成，而脸部的保养方法也相应分为外在保养和内在保养。

对于皮肤的保养分为三步：清洁、保湿和防晒。在你做好了皮肤的清洁和防晒之后，其他护肤品基本都是为了让皮肤保持湿润。

脸部的内在保养要求你有一个良好的作息习惯，保证充足的睡眠。另外，心情也会对身体产生影响，良好的心情也会延迟衰老。

**关于颈部护理**

颈部也是需要重点关注的部位。我的颈部基本没有皱纹，这和

【外貌修炼篇】 在练就金身的征途上斩妖除魔

我很早就开始使用颈霜有很大关系，同时，我在使用化妆水时，也会用在颈部。你在涂上颈霜按摩时，记得要从下往上按摩，这样颈部皮肤才能很好地吸收。另外，做瑜伽或者游泳也对颈部保养有好处。

娇韵诗的颈霜是个好选择，如果预算不够，那么平价颈霜也是可以的。

大部分人会将保养的重点放在脸部，而忽略了颈部。其实颈部很容易暴露你的真实年龄，手部和肘部也是容易暴露年龄的重点部位。

**关于松弛**

很多朋友说我的心态非常好，其实我偶尔也会狂躁，只是他们没有看到而已。我狂躁的原因就是肌肉松弛，松弛会让人看上去很老。

松弛是我非常担心的，因为松弛是一个人衰老的标志。

现在你可以去照照镜子，仔细观察自己的面部，看有没有松弛的迹象。如果发现已经有了松弛的迹象，那你今后就需要对面部肌肤进行重点保养了。

有了松弛的迹象应该如何应对呢？我的答案就是每天坚持按摩，网上有很多关于脸部按摩的视频，照着视频去做，长时间坚持就会有效果了。

保养并不复杂，重要的是要能坚持，只有坚持才会有效果，这需要极大的毅力才能够做到。

我经常在网上研究明星的照片，结合她们的年龄和保养情况，我发现除了肌肉松弛会暴露年龄，干瘪和硬朗也会暴露年龄，而且这是最容易被忽视的。

随着年龄的增长，你会发现自己笑的时候，脸颊仿佛塌陷下去了，不再像以前那样圆润饱满，甚至有时候脸上会出现两道长长的酒窝。

此外，你还会发现自己脸部的线条显得越来越硬朗，这就是为什么有些人年纪大了会看起来很刻薄的原因。

要杜绝脸部变得干瘪、脸部线条变得硬朗，没有什么能够立竿见影的方法。

从饮食上来说，保证充足的营养，会使气色看起来更好。此外，不要让自己太过消瘦。

**关于眼唇护理**

眼霜一般涂抹在眼部周围，但还有一个部位也需要涂眼霜，就是嘴唇周围。嘴唇周围也需要特别护理，如果嘴唇出现褶皱，整个人看上去就会显得老了好几岁。

在唇周涂抹眼霜时，也需要进行按摩：向上按压嘴角，就是用手将自己的嘴角按压成微笑的样子，坚持一段时间，你就会发现自己的嘴角真的开始"微笑"了。

【外貌修炼篇】 在练就金身的征途上斩妖除魔

## 要重视肌肤

我是从 20 岁开始注重护肤和保养的,算是比较早的了。上高中时我就坚持每天使用防晒霜,现在皮肤属于较白的那种。但当时使用的都是比较低端的护肤品,23 岁时我才有使用品牌护肤品的意识。

我的皮肤算是比较好的,但是想要显得年轻,只是为皮肤做保养是不够的,还要注意面部肌肤的保养,这些内容我将在后面的章节详细论述。

# 17 皮肤也要做运动

## 皮肤也要做运动

我有一个使用精华液的心得分享给大家:将精华液涂抹到脸上之后,将双手搓热,在脸部肌肤上轻轻按压,持续大概一分钟,这样能促进面部对精华液的吸收。

面部的肌肤在按摩下就像在做运动。我们的身体需要经常运动才能保持健康,我们的面部同样需要运动才能保持健康。面部皮肤下面有很多毛细血管,经常用双手按摩,能加速毛细血管中血液的流动,对面部非常有好处。

如果只使用面霜而不对面部进行按摩,皮肤在面霜的作用下是滋润了,但同时也很容易松弛。

所以,面部的运动非常重要,而且按摩也不需要很长时间,每天只要几分钟就可以,请从现在开始按摩面部吧,你很快就会看到效果。

【外貌修炼篇】 在练就金身的征途上斩妖除魔

## 正确的按摩步骤

眼霜和面霜主要是预防法令纹和鱼尾纹的,在使用时,先将这些地方的细纹打开,保证眼霜和面霜能够涂到纹路的凹处。这一点是非常重要的。皮肤本身是有纹理的,如果不先将纹理打开就涂抹,那么凹的地方涂抹不到,就会使纹路加深。

关于面部按摩,我根据自己多年的实践总结了一套方法,比较简单易行,也容易坚持:

a. 将面霜或者擦脸油涂好,当皮肤足够滋润时才能开始按摩,否则会牵拉皮肤,对皮肤造成伤害。

b. 在使用双手按摩的过程中,要不断地搓手,以保持手部的温度。当然,在按摩之前先滋润双手,效果会更好。

c. 先从颈部开始按摩,手法是从下往上,可以稍微用点力气,一直按摩到接近下巴的位置。

d. 接下来按摩耳朵,耳朵的按摩比较简单,只要让耳朵变暖就可以,通常耳朵会比身体其他部位凉。

e. 按摩嘴唇时,先将手指放在下嘴唇的中间,从中间向两侧按摩,通过嘴角的位置按摩到上嘴唇的中间位置,这样按摩能够预防嘴角下垂,嘴角下垂会让人显老。按摩的时候唇形应该保持淡淡的微笑状。

用手指按住嘴角,这样做是为了防止嘴角的肌肉松弛变得突出,如果已经突出要将其按回去。

f. 面部按摩需要使用 4 根手指，用手掌也可以。用手将自己的左右脸颊按住，向上向外推，最后再按摩额头。这样按摩下来会感觉自己的面部热乎乎的。

你可以尝试先按摩半边脸，按摩完之后你会发现两边脸的感觉是不同的，眼角和嘴角会比较明显，按摩过的眼角嘴角都是向上的。

按摩没有捷径，只有长期坚持才能看到效果。

【外貌修炼篇】 在练就金身的征途上斩妖除魔

# 18 没钱，怎么护肤？

## 没钱就别护肤，针对的是哪些人？

2016年，有一句关于护肤的话在网上非常流行："没有钱就不用谈护肤了。"

没钱就不能护肤，这是真的吗？

这句话实际上是有一定背景的。那么，"没钱就不用谈护肤了"，这句话是针对哪些人说的呢？

**类型1. 打折团购型**

先说女孩A，在女孩A看来，自己是属于精打细算、非常精明的类型。逛淘宝看上一件衣服，她可以和商家软磨硬泡砍价；想吃零食了就满淘宝比价，找到其中最便宜的店铺去买；看到网上有一个化妆品团购活动，大牌化妆品两折销售，于是立刻参团，并且对自己说，这家团购网站做这么大，卖的又是一线品牌化妆品，肯定没有问题，况且评论也是清一色的好评。

结果团购回来的化妆品她使用之后，满脸起痘。

类型2．自制纯天然型。

再说女孩B，对什么化妆品都不相信，认为所有化妆品都会对人体造成伤害。一次，在网上某个论坛中看到一些护肤"秘方"都是纯天然的，女孩B就像着魔了一般，整天不是拿黄瓜蛋清抹脸，就是使用淘米水洗脸洗手洗头发，护肤方法就如同原始人一般。

类型3．被营销文迫害型

女孩C，对大牌化妆品一向不感冒，认为化妆品都差不多，尤其是在朋友圈中看了几篇伪装化妆品鸡汤文章之后（实际上是营销软文），更坚定了自己的信念。认为大牌是因为品牌价值高，价格才会那么高，只有傻子才会去买。因此，如果谁和她讨论大牌化妆品，她会很反感，觉得买大牌纯粹是在浪费钱，还向周围人灌输平价护肤产品才是性价比最高的。

类型4．买了舍不得用型

女孩D，平时生活节俭。一次，为了参加一个很重要的聚会，她痛下决心购买了一瓶高档护肤品，她觉得这么贵的护肤品应该用一点就能效果显著，结果一瓶护肤品使用了一年之久。最后使用的效果可想而知，基本和没有使用一样。

"没有钱就不用谈护肤"这句话，就是针对上面这几种类型的

【外貌修炼篇】 在练就金身的征途上斩妖除魔

女孩说的,而不是对不同阶层人的攻击。

那些买化妆品只看价钱的女孩,你要知道,你所面对的商家比你聪明太多,他们不可能让你用很低的价格买到很好品质的化妆品,贪图便宜,只会吃亏上当。

## 护肤是一项"投入性工作"

护肤是要投入的,如果不能投入太多金钱,那么投入时间和精力也是可以的。

没有钱照样可以护肤,但这建立在你对护肤有正确认识的前提下。

**别相信所谓大牌低价好货,适合自己的平价产品也是不错的选择**

不要再相信那种送上门的低价好货,不要再相信那种祖传秘方,哪有那么多祖传秘方都让你碰上?不要相信那些据说常年成集装箱往国内供货的人了,如果是真的,请先去报警;不要再相信内部折扣价,和你之前都没有见过面,怎么就对你这么好,给你内部折扣价?

如果你非要找理由说服自己去相信,那请忽视上面我所说的话,只看一句话"没有钱就不用谈护肤"。

**女神必修课：成为女神的全方位修炼手册**

### 要相信科学技术的力量，不要迷恋手工护肤产品

护肤品本身其实就是化工产品，化工产品对于生产原料、制造工艺都有严格的要求，而市面上充斥着各式各样的手工皂，作用也是宣传得神乎其神。但是，只要你用常识思考一下，就会发现这不过就是宣传的谎言，无论它是什么人制造的，它就是一块肥皂，充其量是一块质量较好的肥皂，能起到的作用也是在肥皂能力范围之内的。

不要过于迷信纯天然，比如用黄瓜、鸡蛋抹脸，用淘米水洗手之类的，我不敢断言这些方法是毫无用处的，但是即使能起作用也是微乎其微的，护肤是一件十分繁杂的事情。

### 选择适合自己的护肤品，然后用够量

护肤，首先要选择适合自己的护肤品，然后记得要用够量，不然就是浪费钱。

你可以将护肤品看作是一道菜，做菜的原料非常重要。如果只是为了满足身体的营养，那么只要做熟就可以。但是想要色香味俱全，有更好的体验，就要注意烹饪的方法。当然，原材料起到的作用是举足轻重的，比如你用粉条再怎么做也做不出来鱼翅的味道。

护肤品有使用普通原料的，也有使用好原料的，还有使用极品原料再加上上等工艺的，这样做出来的就是经典产品。

【外貌修炼篇】 在练就金身的征途上斩妖除魔

没钱也不影响你护肤，因为你只要挑选那些使用好原料的平价护肤品就可以了。

最重要的是，对于各种讨论护肤品的文章要有基本的辨别能力，现在朋友圈里转发的这类文章绝大多数都是营销软文，请远离！

## 日护理和周护理，一个都不能少

完整的护肤程序是怎样的？

完整的护肤程序由两部分组成：日护理和周护理。你每天都要做的护理就是日护理，你每个星期要做1～2次的护理就是周护理。

*日护理：清洁、保湿和防晒。*

日护理又分为早晚两部分。

早晨：先用洗面奶清洗面部，然后再按顺序使用化妆水、精华液、眼精华、眼霜以及日霜和防晒。

防晒是日间护理的重中之重。

晚上：先将面部清洁干净（如果有化妆要先卸妆），再使用精华、眼部精华、眼霜以及晚霜。

*周护理：按摩、面膜和深度清洁。*

每周使用按摩膏进行1～2次的面部按摩，每周进行一次去角质，每周使用2～3次面膜。

虽然日常护理听起来挺简单，但很多人却做不到。需要注意的是，任何一个环节遗漏了，都会对皮肤产生影响。

在我看来，很多人的皮肤出现这样或那样的问题，都是日护理和周护理的步骤缺失造成的。如果你的每日清洁工作做得不到位，就容易使皮肤产生粉刺和黑头；如果每周不进行去角质工作，你的面部肤色就会黯淡无光；如果晚上没有认真护理，你的肌肤就更容易老化；如果你每天都忽略防晒……将会对肌肤造成严重的影响。

护肤也和其他事情一样，需要投入才有好的结果——要么投入足够的时间和精力，要么投入金钱来代替时间和精力。

【外貌修炼篇】 在练就金身的征途上斩妖除魔

# 19 秀发是美女的标志之一

## 在头发上花再多精力也不为过

你的头发需要得到重视，一个适合你的发型能够大幅提升你的整体形象。不要再抱怨做一个好发型要花几百元、维持它需要花多大精力了，在头发上花再多精力也不为过。

很多人一提起"外貌"，第一时间想到的就是五官，实际上五官并没有你想得那么重要，但是嫩滑的肌肤、蓬松的秀发以及苗条的身材，对人的外貌却能起到决定性的作用。在我个人看来，头发对个人形象很重要，一头秀发是美女的标配。

所以，对于头发我们要给予足够的重视，要像关心自己的体重一样关心自己的头发。

保养秀发要注意以下几点：

### 干干净净、柔顺丝滑

要想保持头发美丽，首先要勤洗。

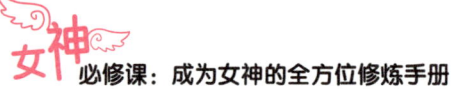

油性发质需要每天清洗，干性发质也需要两天清洗一次。可能有人对每天洗头持反对态度，但是据我观察，油性发质每天清洗是很有必要的。如果油性发质的人 3 天不洗头发，等再洗头发时就会发现掉发明显增多，而且因为出油的原因，头发很容易成绺，实在不好看，还会给人不注意个人卫生的印象。

我也询问过周围的朋友，她们都表示洗发次数同掉发数量是成反比的，头发洗得越勤掉发就越少，反之，头发洗得越不勤，掉的头发就越多。

**洗发水请使用打泡瓶打泡后再接触头皮**

洗发水的浓度比较高，如果直接接触头皮，会刺激头皮，还有可能引起脱发。仔细观察你会发现，有些女孩的头发乍一看还不错，但是细看就会发现其头顶部位较为稀疏，这就是洗头时将洗发水直接涂抹在头皮上造成的。

打泡瓶是一个不错的选择，它能够将洗发水以充分起泡的状态挤出，这样涂抹到头发上不会伤害到头皮。

使用打泡瓶，一是能够减少洗发水对头皮的刺激，二是更容易清洗干净。

此外，法国女人香洗发水是一个不错的选择，我给好几位朋友推荐过，她们用过之后都表示效果不错。

洗发时，要先梳通头发再清洗，这是一个容易被忽视的小常识。

## 正确使用吹风机,并在必要的时候给头发上防晒

很多女孩觉得使用吹风机会对头发造成伤害,所以不敢使用。吹风机确实有可能损伤头发,但只是在一定的条件下才会损伤头发,如果你在头发全湿的情况下使用,是不会对头发造成伤害的。

如果你的头发已经六七成干了,继续用吹风机直接吹,容易将头发吹得干枯分叉,在这种情况下可以使用护发油。

很多品牌都有耐热的护发油,这种护发油就是吹头发时使用的,以保护头发不受吹风机损伤,而且吹完之后头发还会更有光泽。

正确使用吹风机虽然只是一个小细节,但必须引起重视,很多女孩的头发就是因吹风机使用不当而被损伤的。

去阳光照射强烈的地方也可以带上防晒发油,以保护自己的头发不受干燥和阳光伤害。

我原来没有使用过护发油,在别人的推荐下使用了一段时间,发现头发有了明显变化,质感完全不一样了。顺便说说抹发油的技巧,发油要抹在发梢,尽量不要沾到头皮。当你吹头发时,先均匀地抹上发油,再使用吹风机吹干。

干性发质我推荐卡诗的发油、日本玫丽盼发油;如果头发属于油性发质,那么可以选择轻薄一些的发油。

## 头皮也要做运动

头皮健康，头发才会好，所以做头部按摩也是护发的一个重要环节，按摩头皮相当于帮助头发做运动。按摩头皮有两种方法，一种是使用梳子贴着头皮梳头，另一种是将手指插进头发里按压头皮，注意是按压，不是揉搓。

## 洗发推荐产品

想要保养头发，护发素、发膜和发油是必不可少的。坚持使用护发素和发膜对于头发的改善效果非常明显，我自从使用了发膜和发油，头发数量比之前增加了不少，头发的弹性也比原来好了，发质得到了飞跃性的提高。

头发保养是个系统工程，只有每个环节都做到位，头发才可能变得越来越美。

## 发型影响个人风格

不同发型，不同气质。

如果你的发质问题解决了，那么发型就容易设计了，因为有很好的发质打底，只要选一些简单大方、能够凸显个人风格的发型即

【外貌修炼篇】 在练就金身的征途上斩妖除魔

可。比如,如果想看上去年轻,那么就选择直发,长度选择中长最适合。

需要注意的是,塑造的发型不要有太强的造型感,太强的造型感会让你的头发看起来十分僵硬,头发自带的质感也无法体现出来!有些女孩喜欢夸张的发型,初看造型感十足,也比较有特点,但是一段时间后你会发现,这种发型风吹不动,走路也不晃动,没有丝毫的活力,非常显老。

一般来说,平刘海让人显得可爱,但也要分情况,如果你已经三十多岁了,那么就不要选择平刘海了,斜分的效果会更好。

不留刘海的人看上去显得有气质,同时也更成熟稳重。

每个人的风格不一样,所以具体选择什么样的发型还需要根据个人具体情况来确定。即使是同样的五官和身材,因为性格和职业的不同,发型也可能有很大差别。

日本女演员石原里美在日剧《朝5晚9》中扮演一名英文教师,她的发型是无刘海、露出额头,清爽的卷发造型,显得非常有气质,同时适合她的职业和身份(如图19-1所示)。

这样的发型、这样的装扮,说她是英文教师是很有说服力的。所以在整个剧集中,石原里美的发型几乎没有变过。

而在日剧《失恋巧克力职人》中,石原里美扮演被男主角深深迷恋的、爱情段位很高的时尚女郎纱绘子,这时石原里美的刘海从干练的无刘海变成了可爱的斜刘海,并在不同场景中有了细微的变化。

图 19-1　日剧《朝 5 晚 9》剧照

这些发型都彰显了纱绘子的可爱和精致，同时很符合她塑造的驰骋情场的负心女形象。

有些女孩喜欢三天两头换发色，我不建议这么做，一般来说，百变并不能使你更有魅力，反而会破坏你的个人风格。

## 性格和喜好决定发色

虽然染发非常普遍，但还是有不少女孩不愿意染发，认为自然

**【外貌修炼篇】** 在练就金身的征途上斩妖除魔

的发色能够显示自己的天然美,对于这一种观点我持保留意见。如果你有一头乌黑美丽的秀发,皮肤白皙和头发相互衬托,那么不染发也能显示出你的美。但是如果你的发质并不理想,皮肤也不是完美无瑕,那么不对头发做任何修饰就不是明智的选择了。

干枯分叉的黑发,对你的外貌绝对是减分项。

天然黑发比较适合像刘亦菲、范冰冰那样的美人。如果你的发质不是很好,不够黑亮或者不够柔顺,皮肤也并不是那么令人瞩目的白,那么不如去选择一个适合自己的发色。在我看来,大多数女孩都不太适合纯黑色的头发。

如果担心经常染发损伤发质,只要加强护理就可以了。

发色有几款基本色,分别是:巧克力色,安静温柔的气质色;栗色,时尚轻盈的潮流色;咖啡色,稳重的办公室 OL 色;奶茶色,日系乖乖女的专属颜色;酒红色,可以将皮肤衬托得较白,但是和栗色一样,只适合时尚的女孩。

具体选用哪种颜色,需要根据自己的肤色、性格、职业、喜好来选择,不过金黄、亚麻之类的颜色请谨慎选择,大部分人都不适合。

头发是不断生长的,所以染完头发后,隔一段时间就需要进行补染,这点非常重要,比干枯分叉的头发更糟的,就是颜色有明显分层的头发,这绝对是女孩子的减分项。

# 20 仪态决定你气质的 80%

## 仪态决定你气质的 80%

你以为你在谈论气质,其实你只是在谈论仪态。

仪态常常被忽视,过去的时尚杂志和女孩子们更喜欢谈论"气质",现在则更关注"气场"。

*事实上,你的气质、气场,有 80% 是由你的个人仪态决定的。*

但是,气质并不是靠读书得来的,至少外貌上的气质不是。

当一个女孩出现在我们面前时,她不用开口说话,我们就可以给她下"气质好"还是"真没气质"的评语。

那些仪态好的人,通常会被认为有气质。

美剧《纸牌屋》中,克莱尔的一举一动简直就是仪态的标准示范,任何时候她都会保持正确的仪态,站立时笔直优雅,即使坐着也会把脊背挺直(如图 20-1 和图 20-2 所示)。

仪态从某种角度来讲就是精气神,所谓"站如松、坐如钟、挺胸收腹"都是仪态的内容。明星们都非常注意自己的体态和仪态，所以看起来既精神又舒展。

图 20-1　《纸牌屋》中的克莱尔站立时的仪态

而普通人很少注意自己的仪态，我不知道大家是否关注过电视上的一些普通人的仪态。生活中我们可能不会注意，但是在电视上看到真的非常明显：含胸、驼背、罗圈腿、圆肩，还有说话时的各种小动作、不自觉的表情，都非常影响观感。

也许普通人和明星的颜值差异只有 50%，但是体态差异却是以倍数计算的。

图 20-2 《纸牌屋》中的克莱尔坐着时的仪态

什么是好的仪态？

挺拔、大方、舒展、优雅。

*身体要挺拔。*

肩要展开，要向下沉，背要挺直，脖颈要长、要直，不能含胸、不能驼背、脖子不能向前伸。

**问题 1：驼背圆肩**

大多数人都有一些体态上的问题，比如我的一个朋友，她身高 174 厘米，本来很高挑，却有点驼背。据我观察，个子比较高的女孩都容易驼背，本来很有气场的身高，一驼背就显得毫无精神。

女孩比男孩驼背的概率要高，大多数女孩是从发育期开始驼背的，因为胸部发育不好意思挺胸，久而久之就形成了驼背的姿态。

和驼背很像的一个不良仪态是圆肩。正常的肩膀形态应该是打开的、平直的，看起来舒展的，而圆肩则是肩膀的两头向前伸，圆肩的人看起来有点缩脖子。

**问题2：脖子前伸**

说真的，脖子前伸真的很影响气质！脖子前伸对气质的影响要甚于驼背。

脖子前伸常常给人不太灵活的感觉，大多数人的脖子前伸也是从青春期开始的，听课的时候胳膊放在桌子上，脖子就会不自觉地向前伸。

此外，近视眼的人，因为看不清，也会不自觉地把脖子往前伸。

**问题3：骨盆前倾**

正常的体态，人的侧面应该是直线，而骨盆前倾的人，下半身明显向后弯曲。

骨盆前倾不仅显得人不挺拔，还会对骨骼造成伤害。网上矫正圆肩、脖子前倾和骨盆前倾的教程和视频很多，不太严重的可以自己看着视频矫正一下，特别严重的人可能需要去找专门的健身教练来帮助自己矫正。

在这上面花费时间和金钱绝对是物有所值的，很多女孩愿意一掷千金购买在别人看来没什么分别的限量版眼影和唇膏，却不愿意花钱矫正自己参差不齐的牙齿或者身体问题，尽管后者能够带来的收益是前者的几十倍。

美好仪态的几个提示：

**杜绝小碎步。**

很多女孩子被教导要淑女，淑女并没有错，但是太淑女有时看起来非常别扭。很多人对淑女的理解比较狭隘，好像淑女都是穿着长长的裙子、笑不露齿、款步轻移的。这样的淑女演古装剧是很好看的，但是日常生活中如果一个女孩子总是小碎步，给人的感觉是不够大方。

任何时候动作都要舒展，要旁若无人，不要左顾右盼。

想要有气场，首先要改善的就是自己走路的姿势，要大方、舒展、笔直地迈开腿。

我认识一个法国女人，她独自在中国打拼，做到了某名企的高层，她说话总是轻声细语，但语气十分坚定，整个人显得聪敏又性感。

她走起路来，目不斜视、大步流星、走路带风，真的非常酷！光是看她走路，就会对她产生好奇，不自觉地想要亲近她。

**穿高跟鞋时的正确姿态。**

要把后背挺直，下巴不要向前伸，肩膀打开，腿伸直再迈步，并且尽量走直线。这样的走路姿势才会让你看起来美丽且有气场。

如果无法穿着高跟鞋伸直腿走路，那就先练好走路姿势再穿。

弯着膝盖走路真的非常非常难看。

【外貌修炼篇】 在练就金身的征途上斩妖除魔

# 21 不可忽视的表情管理

## 你笑得太难看啦

我读书的时候，有一次前桌讲了个笑话，我正笑得前仰后合，我旁边的男生说："你笑得好难看啊，整个脸皱巴巴的像个包子。"

我前桌也表示赞同地说："她就是这样，不笑的时候还好，笑起来真是……"

我才惊觉原来我笑起来会变丑。

回家以后，我对着镜子大笑，发现我大笑起来真的很丑，眼睛被挤成了一条缝，额头纹和法令纹全出来了。

有些表情，是对美丽有伤害的。

真正的女神，会把自己的每个表情都做得很美。

2015年电视剧《来自星星的你》特别火，我发现女主角全智贤是真的美，静态美，动态也美，一颦一笑都非常美，几乎没有一个表情是难看的，我想这应该不都是天生的，也有后天刻意练习的结果（如图21-1所示）。

图 21-1 《来自星星的你》剧照

【外貌修炼篇】 在练就金身的征途上斩妖除魔

当然,我不是要求大家时时刻刻端着,而是希望大家能学会管理自己的表情,这样你会看起来更好看。

怎么做?多照镜子,多对着镜子练习,甚至可以给自己拍一些小视频,通过视频来发现自己的表情问题。

哪些是让美丽打折的表情?比如,有的女孩一紧张就收紧嘴巴,这时法令纹也跟着出来了;又如,一笑就露出牙肉;再如,动不动整张脸就皱在一起。

当你做出那些难看的表情,颜值瞬间降低50%。

这些表情不仅会让你当时难看,还会让你的美丽打折,长期做难看的表情会让法令纹加深、皱纹出现。有的女孩喜欢用嘴呼吸,这样会造成下巴后缩,呈现在视觉上就是龅牙。

那些原本看起来很普通的女孩,就是这样减肥、化妆、纠正体态的问题、管理表情,一步步走向了女神。

在不知情的人眼中,她们就像被仙女棒施过魔法一样,然而究竟付出了多少努力,只有她们自己知道。

## 尽量把小动作做得更优雅

女性的一些小动作是非常有魅力的,撩头发、托腮、摸耳朵……这些小动作会让女性显得非常性感。

关键是,要尽力把这些小动作做得优雅,比如托腮的时候,用手轻轻地托住,不要整个人瘫在桌子上,脸上的肉被挤成一团。

喜欢摸头发也是可以的，稍微地整理一下，千万不要像个女汉子似的豪迈地用手指梳头后再抖头发，我真的见过不止一个这样的女汉子。

要想把小动作做得优美，首先要了解自己有哪些小动作，然后再有意识地克制或改进。

【外貌修炼篇】 在练就金身的征途上斩妖除魔

# 22 穿衣品位，其实与荷包无关

## 有钱就能有品位吗？

有钱就能有品位吗？当然不是。

没钱就不能有品位吗？当然也不是。

穿衣品位，其实与荷包无关。不管你是否富有，只要你懂得穿衣的规则，懂得扬长避短，你就可以成为有品位的人。

**只选择你"适合且需要的单品"**

适合是第一位的。衣服是为你服务的，一件衣服无论多么好看精致，如果不适合你，那么就不要购买。不合适你，有可能是尺码不对，千万不要认为自己在短时间内能够瘦下来；有可能是和你的肤色不搭，千万不要认为自己每次穿它都会化妆，你很可能因为懒而不化妆；也有可能是风格并不适合你，虽然公主裙好看，但如果你平时是走中性风格的，那么还是建议你去选择小黑裙。

光适合是不够的，你还必须"需要"这件单品。

逛街购物对于女孩来说是一件非常愉快的事情,但其实逛街与购物是两个概念,逛街不一定是为了买东西,而买东西也不一定要逛街。

我就很喜欢逛街,但是购买的东西比较少,这一方面是因为我的衣服大部分都是代购的,另一方面是因为国内的衣服和化妆品太贵,我通常是在国外打折时,一次性将自己想要的衣服买够。

对于实用性不强的衣服有一件就足够了,不需要准备太多。

比如去海边才能穿到的假日长裙,如果近期你没有去海边的计划,那么就不要购买。

不要以"等什么时候就可以穿上了"的理由,说服自己购买,因为在这种情况下购买的衣服,通常你都没有机会穿。

而当你真的碰到这个场合时,从现有的衣服里就能找到合适的。

无论是哪一种单品,都不要买太多,除非你的个人风格能够从这件单品上体现出来。

**买你购买能力范围内最好的**

购买衣服时,建议你买自己购买能力范围内品质最好的。比如,同样是白衬衫,100 元一件的和 500 元一件的品质肯定不一样,500 元一件的和 3000 元一件的又会有不小的差距。我并不是鼓动你刷爆信用卡去购买最贵的衣服,而是希望你在自己的经济能力允许的范围内,能购买 500 元一件的白衬衫,就不要购买 100 元一件的,因为它很有可能会大幅拉低你的整体着装得分。

**【外貌修炼篇】** 在练就金身的征途上斩妖除魔

**让某个颜色或色系成为你的"签名色"**

你的"签名色"应该是最适合你、你最常穿的那个颜色。签名色可以很好地衬托你的气质和肤色,可以很好地融入你的个人风格,同时在你最常出现的场合不会显得突兀。

签名色的特征是:大多数时候,你身上都有一件这个颜色的单品,有时作为主打,有时则作为配饰。

你在重建衣橱的时候,要先确定自己的签名色,然后再根据衣橱里已有的其他颜色的衣服购买签名色单品,以提高原有衣服的使用率。

每个人的签名色都不一样,你需要根据自身条件选择最适合自己的颜色。

一般来说,可以选择一两个颜色作为自己的签名色。有些人先天条件好,给人的整体感觉明艳大方,皮肤又白皙,那她适合的签名色就会更多,各种明艳的颜色都适合。

我认识一个女孩,她的五官非常清晰,很有异域特色,常常会被问及是不是混血或者外国人。而她的肤色较深,给人以野性成熟的感觉,她的签名色就是酒红色和藏蓝色,这两种颜色都沉稳而高贵,搭配到一起让人赏心悦目。

我的签名色是白色,这是最适合我的颜色,因为相对来说,我的五官比较清秀,换句话说就是不够亮眼,而皮肤又很白,白色能够让我看起来简单干净、有气质。太鲜亮的颜色会夺去人们对我五官的注意力，太暗淡的颜色又会使我显得压抑。

所以，白色是我最常穿的颜色，夏天平日里，我会选择白色连衣裙（休闲）或白色上衣配其他颜色的下装，上班时则是白色上装配深蓝色、灰色的一步裙或者西装裤；而冬天我有两件白色大衣，还有几件白色单品适合做内搭。

**简单低调，往往是有品位的象征**

在《格调》一书中，作者这样描述上层社会女性的装扮："通常她们穿着都十分低调，选择衣服的款式也都以简单为主，没有复杂的装扮和搭配；她们没有过多的珠宝，发型同样很低调，没有太复杂的发型，但看上去让人感觉非常清爽。"

佩戴过多的珠宝首饰，化浓妆，穿的衣服高调闪光以及非常吸引人的高跟鞋，都是不够高级不够有品位的标志。

所以你看：款式低调、简单，就足以帮你脱离低级品位。

如果再加上风格适合你、能够修饰你的身材、彰显你的气质的穿着，那么，这就是品位了。

选择衣服，其实就是根据场合选择款式，根据自己的气质来确定风格，根据自己的肤色来选择颜色，以及根据自己的体型来选择剪裁。

所以，你首先要对自己足够了解，知道自己会去哪些场合，知道自己的性格、气质，知道自己的肤色以及自己的体型，然后再根据这些特征去寻找合适的衣服。

【外貌修炼篇】 在练就金身的征途上斩妖除魔

# 23 我的精简购物哲学

## 不要因为换季、打折等理由买衣服

很多女孩将换季作为自己购买衣服的理由，但是这种毫无目的地买衣服，我们是要坚决杜绝的。有人认为，能不能以最低折扣买到最好的衣服，是判断一个女人会不会买衣服的标准，如果根据这一点判断，我也属于不会买衣服的人。因为虽然我购买衣服也喜欢折扣，但是并不会因为一件衣服打较低的折扣而去购买，折扣对于我作出购买决策影响非常小。我对购买衣服一直是既充满热情又足够冷静，我像夏天一般对购买衣服充满了热情，但对于衣服的选择我又如冬天一般地冷静。

制定合理的购物清单，是控制自己盲目购物的一个有效方法。每当一个季节到来时，我就会将自己的衣服仔细整理一下，将这一季要穿的衣服单独拿出来，按照一定的顺序挂在衣橱中，我通常是根据颜色来决定顺序。将衣服整理好之后，再思考我还缺少什么衣服。

如果能够将自己的衣服都拍照，然后编辑在一个表格里，那就更好了。在表格中将不同季节的衣服区分开，这样你就会对自己所拥有的衣服有个直观的了解。

## 只在"需要""适合"都满足时下手

当我们了解自己已有的衣服之后，下一步该怎么做呢？接下来要做的其实很简单，就是根据自己的喜好，参考当下的流行趋势，确定这一季自己所需要购买的衣服。

*制定购买清单时要避免同自己现有的衣服重复。*

比如，你的衣橱里已经有很多件白色的衣服了，那么购物清单里就不要再列白色的衣服，衣服的款式也是同样的道理。

虽然买衣服需要考虑自己的喜好，但是盲目地按自己的喜好购物并不合理。比如，我比较喜欢黑色的裙子，所以衣橱里有很多条各个季节的黑色裙子，但是有些场合并不适合穿黑色的裙子，这时就非常尴尬了，面对很多条裙子却没有可以穿的。

我认识一个女孩和我的情况很像，她很喜欢牛仔裤，所以牛仔裤塞满了她的衣橱，光是蓝色的牛仔裤就有七八条，直筒的、破洞的、修身的……

如果这种情况也出现在你身上，那么你在制定购物清单时，就需要冷静，要将自己拥有最多的单品从清单上去掉。

【外貌修炼篇】 在练就金身的征途上斩妖除魔

提前制定购物清单,可以让你冲动购物或者盲目购物的概率大幅下降。

## 外套和裤子的选购法则

外套应该占据你大部分的预算(如图 23-1、23-2 所示)。

一年中你需要的外套不会超过 10 件,其中必备的基本款有五六件即可。以我自己为例,冬天的大衣有两件(深色浅色各一件),春秋两季的风衣有两件(一件米色一件深色),再加上上班需要的一套西装。我购买衣服的预算大部分都被这 5 件衣服占据了,而且是经过精挑细选之后才找到的。

图 23-1 《恶魔穿着普拉达》剧照

图 23-2 《恶魔穿着普拉达》剧照

大衣是最能体现质感的单品,绝对不能买便宜货。穿前记得熨一熨,不然,再好的材质也会被皱巴巴的细节毁掉。

自己投入大价钱购买的外套自然希望能多穿几年,所以在购买时就要考虑是否会过时,想让外套不过时需要注意以下两点:

首先,当你的身材出现小幅度的变化时衣服能够适应,紧紧包在身上的绝对不行,肩膀要合适,衣服整体略微宽松最好。

其次,外套上最好不要有任何装饰,比如花边、额外的剪裁等,通通不需要,简单就好。

## 裤子(和袜子)的选购法则

外套选好了接下来该选裤子了。从整体上看,裤子占全身着装的 1/2,所以需要慎重对待。如果你选择了错误的裤子,那么即使你的外套和背包选择得再合适,也很难整体看上去舒服得体。你不需要太多裤子,只需要几条合适的裤子。

我周围有些人非常喜欢买裤子,一买就是几条,而且通常是比较廉价的,实际上如果将购买这些廉价裤子的钱加在一起,完全可以买几条品质很好的裤子。一条好裤子材质舒适、裤型合身,并且能够起到修饰你体型的作用。如果你现在还没有一条合适的裤子,那么请先选择一条能够修饰腿型和臀型的蓝色牛仔裤,一条剪裁合身的西装裤。这两种裤子和小黑裙一样经典,能够应对大多数场合。除了运动时的衣服,请不要考虑廉价货。

这里还有一些注意事项:

● 你的状态是你选择衣服的基础,并不是别人穿上合适的衣服就一定适合你,适合自己才是最重要的。

● 除了身体条件,工作环境和生活状态也是需要考虑的,同一个人在不同环境和状态下所需要的衣服也不相同,比如出去玩和上班时需要的衣服自然不一样。

**女神 必修课：成为女神的全方位修炼手册**

- 再精致的晚礼服也不适合上学穿，再合身的西装裙也不应该带孩子时穿。
- 衣服是为你服务的，所以你衣橱里的衣服应该是根据你的需求选择的，实用才是根本。
- 买衣服要慎重。很多人喜欢随意买衣服，认为反正很便宜，穿几天算几天，不喜欢扔了也不心疼……
- 如果穿衣打扮是你的乐趣，想让这个乐趣延续下去，那么就需要用认真的态度来对待它，况且衣服能够将你的审美和品位体现出来。
- 可能有些人会认为自己"就是享受买衣服的过程，最大乐趣就是随意地买衣服"，但是当你整理自己的衣橱时，就会发现问题所在，你的衣服虽然多却没有一件真正适合自己的。理性地买衣服并不是剥夺你的乐趣，而是让你的乐趣最大化。

【外貌修炼篇】 在练就金身的征途上斩妖除魔

# 24 既省钱又能穿出格调的衣橱管理

## 衣橱里的爱人

女人到底有多爱衣服?

我的一位朋友曾这样说:"衣橱里不是我的衣服,是我的爱人。"

和爱情一样,衣橱也是需要用心经营的。

有太多人在买衣服时秉持随心所欲的态度,看到什么买什么,什么好看买什么,却没有认真思考过,哪些衣服是自己真正适合且需要的。

而那些看起来非常有格调的女孩,往往都是"严肃的购物者",她们谨慎地管理着自己的衣橱,从如何分配预算,到需要购买什么,她们都有明确的计划。

购买的衣服数量可以少,但是一定要购买品质好一点的。

我通常会将购买衣服的预算分为两部分:第一部分占预算的80%,用于购买适合自己、质量上乘的基本款,这些衣服往往可以穿好几年。

第二部分占预算的 20%，用于购买比较流行和前卫的衣服，这些衣服有可能你只会喜欢一段时间，所以使用 20% 的预算才不至于浪费钱。

想要既省钱又能穿出格调，一定要学会构建自己的衣橱。

## 请让基本款成为你衣橱的主题曲

基本款应该占据你衣橱 80% 的空间。对于学生或者上班族来说，我们所说的基本款包括：

- 三件衬衫：颜色需要区别开，白色、黑色和格子衬衫是好的选择。
- 两条牛仔裤：蓝色是最常见的颜色，建议备一条；再选择一条黑色牛仔裤，两条牛仔裤都不要有任何装饰。
- 2～3 件开衫：选择三种不同颜色的羊绒开衫即可，比如黑色、灰色或者彩色。
- 三件吊带：选择经典色黑、白、灰三色各一件。
- 两件风衣：根据个人喜好以及肤色的不同，选择深色和浅色的风衣各一件，深色的可以选择黑色、藏蓝色，浅色的可以选择卡其色、米色等。
- 两件大衣：双排扣还是单排扣根据你的喜好选择，深色浅色各一件，具体颜色根据个人肤色选择。
- 中长款羽绒服一件，相对于深色来说浅色更显精神。

【外貌修炼篇】 在练就金身的征途上斩妖除魔

- 两件修身薄款毛衣，搭配吊带穿。
- 若干条围巾，至少要有深色、浅色、花色各一条。

*基本款最好不要有任何多余的装饰。*

衣服的装饰越少，越不会过时。很多装饰所包含的流行元素，很可能只流行一年。

*质地和剪裁最重要。*

对于基本款衣服来说，剪裁和质地是非常重要的。剪裁要合身，通过肩膀、胸围、袖子能够看出一件衣服是否合身，一定不要购买大一号或者小一号的衣服。宽松的衣服会让人感觉悠闲从容，而紧身的衣服会凸显身材曲线，显得性感，但基本款不在此列，合身是基本款最主要的诉求。

简单是基本款衣服的一大特点，简单指的是衣服的款式和颜色，基本款衣服上不要有当下流行的装饰，因为今年的流行元素到明年就会过时，而基本款衣服会陪伴你3～5年。

好的基本款衣服就如同女人脸上的底妆，越是简单高质就越能够将面部的美衬托出来。

基本款的衣服应该选择经典色，但是其他配饰可以选择其他颜色，比如丝巾、腰带等。

常常听人说："女人的衣橱里永远少一件衣服"。这句话深刻表达了女人对衣服的喜爱和构建衣橱时的盲目性，无论你衣橱里有多少件衣服，但在很多时候，你打开它，却无法找到最合适的衣服。

真的如此吗？当你打开衣橱，却觉得没有合适的衣服时，往往不是因为你的衣橱少了一件衣服,而是因为你的衣橱里让你眼花缭乱的衣服太多了。

## 找不到适合的衣服,往往是因为你的衣服太多了

你可以问自己两个问题:

一,你是不是买了太多衣服?

二,你是不是买了太多一样的衣服?

如果你有太多种选择,那么你就会在这些选择中不断摇摆,衣服太多也会遇到这个问题。有一位时尚界专家曾说:"美国人的衣橱里通常都是满满的,这让人疑惑他们怎么能穿得优雅得体。"

我周围有一些非常会穿衣服的女孩,她们的衣橱往往整齐有序,衣服贵精不贵多;反之,那些穿衣缺乏个人特色的女孩,她们的衣橱里通常塞满了各式各样的衣服。

## 你的衣橱需要做减法

你的衣橱不需要做加法,而需要做减法。如果你想学会穿衣服,那么请让你的衣橱遵循"能量守恒"法则,就是当你购买一件新衣服时,就从衣橱里选出一件旧衣服丢掉。

一个人能穿到的衣服是有限的,衣服太多会妨碍你形成自己的穿衣风格。而购买一件新的就丢掉一件旧的,保持衣橱里衣服的数量不变,能时刻提醒你要谨慎购买衣服。

【外貌修炼篇】 在练就金身的征途上斩妖除魔

在季节更替时，我会将过季的衣服整理出来送去干洗，等洗好后放进防尘袋或者盒子里收起来，等明年到了相应的季节再拿出来，一些不喜欢的衣服就直接送人。

如果你有一件衣服在一年里一次也没有穿过，那么很大概率你以后也不会再穿了。

亦舒的文章中，有这样一段关于衣服的论述：

许多四季衣服多得衣橱挤不下的人老抱怨没有衣服穿。真奇怪。一直觉得自己衣服多，且精，又漂亮，常为此得意洋洋，十分满意。

数一数，质与量其实与好此道者简直没得比，只不过长短大衣三五件，一些毛衣，几条长裤，以及若干衬衫，大部分可以扔进洗衣机，容易打理，幸亏穿上还算整洁美观。

另外有三双添勒兰平跟鞋，一双半跟上街鞋，一只黑皮手袋用得毛毛，被友人含笑道："该添新的了"，从善如流，置了两只新的，外加一个牛仔布书包，但觉整套武装，式式齐备。亲友均可证明此言不虚，因从不赴宴，更是一件晚装也无，唯一不能舍弃的，乃净色凯斯咪毛衣。

也不是一开头就这样，当年赴英，行李里带七件大衣，还要再买，弟摇头太息作孙叔教状说："那么爱穿，功课不及格有什么用？"真如当头棒喝，那时还真交不出功课来：稿子写得一塌糊涂，学业未成，又没有家庭，就差没借当赊，羞愧无比。

一个人的时间用在什么地方，是看得见的。

# 25 衣服不多,照样美成仙女

## 如何正确选择一整套装扮?

在决定穿什么样的衣服前,你需要依次考虑以下四点:

a. 根据自己要去的场合选择衣服的风格;

b. 根据自己的体型选择衣服的款式;

c. 根据自己的肤色选择衣服的主色调;

d. 根据衣服的主色调选择配饰的颜色;

整合以上几种因素,选出最适合的那套衣服。

## 一分价钱一分货通常是正确的

"一分价钱一分货"这句话对于衣服来说通常是正确的,大品牌的衣服品质明显要比街边摊的衣服好,但想要追求衣服的品质并不一定要选择名牌。

【外貌修炼篇】 在练就金身的征途上斩妖除魔

有些时尚人士可以将 H&M 和 Prada 两个品牌的衣服混搭，并引以为荣，但是需要注意的是，她们身上的 H&M 必定是经过精挑细选的。

对于名牌衣服的正确态度是：这件衣服本身吸引了你，比如它的款式经典或者它的质感舒适，又或者是颜色独特，而不是因为它是名牌。

一件品质上乘的衣服需要布料精良、剪裁得体、设计出色，除了这些之外，还要能经得起时间的考验。有些衣服的设计集合了当今最流行的元素，比如羽毛、长流苏、大 Logo……但是这些衣服通常一两年就会过时。

名牌衣服，重要的不是衣服上的 Logo，不是让其他人一眼就能认出是什么品牌，而是它本身具有的独特气质。当你想要选择一件高品质的衣服时，首先要看它是否符合自己的气质，是否具备长时间不过时的实力。

## 有些单品特别适合买大牌

有一些单品特别适合购买大品牌的，比如外套、裤子和包包。这些单品的款式不会经常更新，一件往往可以使用好几年，而且它们对于你的整体着装起着非常重要的作用。这些单品的高品质能给你的整体形象加分不少。

## 好的鞋子和包包能够提升你整套装扮的 lever

我曾经看过一部电视剧,里面有一句台词是:"每个女人都应该有一双好鞋子,带你去想去的地方。"一双合适的鞋子能够起到画龙点睛的作用,有时甚至能改变你的整体气质。同样的一身套装,选择平底鞋穿出的是优雅的气质,而选择尖头高跟鞋则会显出干练的气质。不用所有的鞋子都买最好的,有几双高品质的鞋子就可以了。如果你已经选择了高品质的外套以及包包,那么将剩下的预算投资几双好鞋是非常划算的,像质量上乘的黑色哑光高跟鞋你至少应该有一双。

如果你整体穿着比较随意,那么指望一个好包来改变你的整体气场是不现实的。但是如果你的整体着装可以到 60 分,那么搭配上一个好包,就能够将你的得分提高到 80 分。虽然包包主要起画龙点睛的作用,但是我认为值得你花大价钱,因为它的点睛作用非常重要。

选择包包时对于流行款及季节款要慎重,经常看包的人都知道,包包有流行款和设计师合作款,明星经常会选择这些款式的包包,但是这些包包很容易过时。明星可以经常换包,普通人想经常换包就有些难了,而且也没有必要,所以普通人选择包包最好选择经典款,不容易过时。

也许你没有足够的资金让自己全身上下都是名牌,但是对于一个在城市工作的白领来说,在外套、包包、鞋子和裤子上选择一些

大品牌的单品并不难。这些单品对你的整体着装会起到非常重要的作用。

## 你的风格，比什么都重要

我曾在一部日剧里听到这样一句台词："如果你穿的衣服总是很无趣，那么你的生活也可能很无趣。"

**风格的第一环：颜色**

想要塑造个人风格，首先应该确定颜色。当你看到一个人时，第一时间注意到的就是颜色，比如衣服的颜色，头发的颜色，皮肤的颜色。而在这几种颜色中，肤色是较难改变的，所以根据自己的肤色来找一个适合自己的发色，就是塑造个人风格的开始。

中性色调和浅色调应该是你挑选衣服时的首选。

在美剧《破产姐妹》中，两位女主角因为出自不同的社会阶层，所以衣服也有所不同。Max 出身底层社会，所以她的衣服以深色为主，材质以尼龙和纯棉为主，这符合她的出身。

Caroline 出身上层社会，所以她的衣服以浅色为主，材质以绸缎、羊绒等比较高档的面料为主，这样的选择也符合她的出身。

**风格第二环：包和鞋**

鞋子和包包不能使用廉价货，它们是你穿衣打扮的底气。好的鞋子和包包一眼就能看出来，材质上乘，耐用性也较好，当然价格是和质量成正比的。事实上很多人穿衣打扮的经验都是以金钱为代价得到的，在花费大价钱购买东西时，通常会精挑细选，仔细琢磨，买回来之后也会非常爱惜，而在购买便宜的东西就不会这样做了。我曾经认为，女人之所以衣服和包包都想买贵的，是因为虚荣心，当时的想法是虚荣心也没什么不好意思的，大胆承认就可以了。

但是几年之后，随着我购买的衣服和包包数量增多，我发现自己不再喜欢那种带有 Logo 的东西。无论是衣服还是包包，装饰越少越好，Logo 越小越好，衣服买回来第一件事就是将标签剪掉。当然，虽然不愿意 Logo 被其他人看到，但还是喜欢购买贵的，其根本原因可能是女人想要通过贵的衣服和包包让自己被重视。这种重视听起来似乎有些可怜，但是当一个女人失落的时候，看到这些包包和衣服就会底气大增。上司总是刁难我又能怎么样？感情不顺利又能怎么样？我对自己好就可以了，包包和衣服也对我非常好。

**风格第三环：让衣服和性格相融合**

你的个性影响了你的气质，而你的气质又决定了你的风格。

最完美的是，让你的衣服和你的性格相融合，两者浑然天成，互相衬托。

最可怕的事情无非是穿错衣服，你自己觉得不舒服，别人看着也别扭。

衣服本身是无辜的，选错衣服是你的错，只有选对了衣服，才能彰显你的气质！

**风格第四环：拥有自己的签名香**

"不用香水的女人没有未来。"这是可可·香奈儿说过的一句话，曾风靡一时。但其实她真正想表达的意思是："用错香水的女人没有未来。"

不过还真有朋友问我："难道我不使用香水，我的未来就会一片黑暗吗？"

答案当然是否定的，可可·香奈儿的这句话只是营销口号。

不过，正确使用香水，确定可以大幅增加你的个人魅力，还可以让你更加自信。我经常有着急出门来不及化妆的时候，这时会感觉非常不自信，所以我常年在包里放两样东西，帮助我在这种情况下恢复自信，那就是唇膏和香水。

# 寻找你的签名香

选择一款适合你经常去的场合，并且和你的气质相符合的香水作为签名香。为了找到自己的签名香，你可能需要在香水的世界里遨游很久；也有可能你的运气非常好，没花费多少力气就找到了最适合的香水。但是不管时间长短，这个过程都是非常有趣的。

周围的人经常从你身上闻到一种香水味道，当他们习惯之后，这种味道就成了你的签名香。

对于那些找到适合自己签名香的女孩，我感觉她们的生活也会非常精致。但是如果选择了不适合自己的签名香，那么对于你周围的人来说，和你在一起将是糟糕的体验。

签名香是你身上常驻的味道，所以选择时一定要慎重。选择签名香需要注意两点：第一点，香水的味道必须自己喜欢，如果你身上整天带着自己都不喜欢的味道，那么相信你的生活也不会很愉快；第二点，符合大多数人的喜好，那些味道比较怪异的香水需要先排除。虽然不排除有人会喜欢这些类型，但毕竟是小众。

一位对香水颇有研究的朋友曾对我说："我们可以把自己的香水划分为两大类，一类是给其他人闻的，一类是给自己闻的。"

给其他人闻的香水要符合大众的口味，同时和自身的气质相符合。

而给自己闻的香水，能不能让其他人喜欢就不重要了，最重要的是你自己喜欢就可以。所以选择这类香水没有什么限制，只要你喜欢就行，随心所欲。

这两类香水使用的场合大不相同，当你出席一些重要场合或者舞会时，要选择给别人闻的香水。

而私下的好友聚会或者自己一个人独处时，就不需要考虑那么多了，使用自己喜欢的香水就可以。

我经常会在晚上加班时，将一种并不符合我气质的香水喷到身上，因为我喜欢它的味道，其他的都无所谓。

最后，需要记住的是：时尚和你的身份、年龄没有关系，它是一种对生活的态度和选择。

# 【社会生存篇】
## 女神,是生存游戏中的大赢家

# 26 正式步入社会，年轻女孩应该学会的那些事

## 关于自己的事

进入社会后，要有基本的做人做事原则。即使平时做得再好，关键时刻的一次失误，就可能会毁掉你长久以来的努力。

在《寒门再难出贵子》的帖子中，楼主这样总结道：

学校是不会教育你如何为人处世的，即便有思想品德课，老师也只是讲些空泛的道理，而你也未必就真听得进去。真正的做人的教育在哪里呢？全在家里呢！每个父母都有自己习惯的一套做人方法，他也习惯性地把这套方法传授给孩子，因为他觉得这样做是对的，否则他这辈子就不这样做了。但许多普通的父母没有想过，他这辈子的不成功是否和自己的为人处世方法有关呢，如果有关系，那他还能把自己的老一套再教给孩子，让孩子也一辈子不成功吗？

思维方式的差异就更大了。例如小胖的爸爸的思考方式以及对

【社会生存篇】 女神,是生存游戏中的大赢家

小胖的教育;自己出了哪些问题要怎样修正;如何有自知的能力。

这群孩子大多遇到问题首先是抱怨,其次再想别的,而且一般不会思考自己的毛病。两种思维方式都自成体系。

从外表来看你看不出它们直接产生的后果,所以作为孩子特别容易承袭父母的思维方式,但是恰恰就是思维方式是优秀与否的决定因素。

我们的孩子一旦承袭了一种思维方式,往往就决定了一生的定位,而且直至终老也未必能发现自己的思维导致了自己的命运。

如果你的出身不太好,没有优越的家庭条件和生活环境,那么进入社会之后,你就要自己摸索世界的规则。

大多数规则,是需要你自己通过摸爬滚打总结出来的。但是作为过来人,我愿意给你一些建议。

**不要给自己画圈**

不要轻易给自己下结论,不要对自己说"我就是这么个懒散的人""我就是脸皮薄不愿意主动争取""这个我做不了""我就想做份简单安稳的工作"……

世界大着呢,未来也长着呢,不要急着给自己画圈。

人是不断变化的,你会变化,你对自己的认识也会变化。

我在20岁的时候就记住了一句话:人的思想和情感,会随着时间的推移而发生变化。

很多时候，你现在认为重要的，也许未来就不重要了；你对自己的看法，根深蒂固的想法，也许未来也会发生改变。

保持初心，保持好奇。

**学会正确对待他人对自己的评价**

如果不能正确看待他人对自己的评价，那么你就有可能为了一两个人的看法而改变自己。

别人的评价，并不能影响你成为什么样的人。

别人对你的评价不能代表你。

别人对你怎么评价不重要，重要的是你如何看待自己。

尤其是进入社会后，很多时候别人会给你一些你并不认同的评价。别人的态度和评价往往是有一定道理的，不要解释，那样只会越描越黑。

有时不解释、不争吵，反而会让你显得非常有涵养。

我有一个朋友很有智慧（智慧并不等同于聪明），他说："我虽然很多地方不如别人，但我不在乎，我有权利不如别人。"

人们想要感到自卑，机会太多了！

要学会包容他人的缺点，你没有权利要求别人因为你的喜好而改变自己。

外在条件是一回事，但是你能做到什么程度，又是另外一回事。

【社会生存篇】 女神，是生存游戏中的大赢家

## 关于朋友的事

真正伤害你的人不是在你背后说你坏话的人，他不敢当着你的面这么说，自有其理由，而把话传给你的人才是真正伤害你的人。

进入社会后，因为工作关系，我见识到各种各样的人和事，不断地了解社会的生存规则，不断地见识到人心的复杂程度。

虽然因为人性中不美好的一面感到困惑和痛苦，但对自己的未来也有莫名的喜悦和信心。

很多事情，女孩，也许需要你真正经历后才能明白，但是我还是会告诉你，希望至少能引起你的思考。

读书的时候，你的朋友可能学习比你好，也可能学习不如你，但是进入社会后，你会发现，你周围的朋友，大多数是和你同一阶层的人。

工作以后，你很少会和不如你的人打交道。

职场上没有纯粹的朋友，无论是同事、伙伴还是客户，因为利益关系，即便他背叛了你，你还是要和他继续交往。不然，你可能就一个朋友都没有了。

利益对大多数人来说都是第一位的，如果朋友在利益和你之间选择了利益，请不要惊讶。

尽量不要让你的朋友有在你和利益之间做选择的机会。

一方面，不要向朋友索取利益，要学会互利；另一方面，做恰当的戒备，永远不要去考验你和他的人性。

你需要有一直站在你身边的挚友,也需要不断更新自己的朋友圈,让真正优秀的人带给你益处,这种益处不仅仅是经济上的。

*你是谁,比你说什么做什么更重要。*

与其讨好别人,不如先给自己塑金身。

在人际交往中,要舍得花钱,舍得埋单,尤其是女孩子,社会可能会对女孩子有一些照顾,异性也会优待女孩,但是女孩子主动花钱和埋单,能够赢得别人的尊重。大家都是平等心态在交往,千万不能给人留下爱占便宜的印象。

钱早晚会赚回来的。

*第一份工作不要存钱。*

我第一份工作的上司跟我说:"刚从学校出来不要想着存钱,这时候所有的钱都应该投资到自己身上,买好的衣服,多认识些朋友,学习各种感兴趣的技能,你现在不是存钱的年纪。"

还有一条人生的真谛是:你可以和客户成为朋友,但是千万不要和自己的朋友合伙做生意。

## 关于说话的事

在很多时候,你只需要"不说话"。

Talk is cheap。言语是最没有力量的。

不说话就不会出错,言多必失。

当你说服和劝解他人时,如果说第一遍没有起到作用,那么就

不要再说第二遍了。

很多时候，沟通技巧可以帮助我们解决沟通问题。沟通技巧带来的好处很多人没有意识到，我们过多强调"出发点""发心""意图"，却忽视了沟通技巧。

我建议刚步入社会的女孩子都好好学习一下沟通技巧。

## 关于外表的事

你的长相重要，你的穿着同样很重要。

最好的工作形象是沉稳、干练、干净，不要给人你还很小、很幼稚的印象。

有一次我和一位客户谈生意，本来合同都要签了，但是老板出来，看到我穿得比较随意——一身运动装，觉得我还不成熟，怕我有什么疏忽，于是那个合同就这么黄了。

之后我再去重要的场合，都会特别注重自己的穿着。

如果你一年的置装预算是两万元，那么至少要花一万元去买两身拿得出手的衣服，剩下一万元买基本款。

第一印象很重要，你的穿着比你想象得重要得多，它会直接影响别人对你的看法。

## 27 想要以后活得轻松，请在二三十岁时完成积累

### 你想 35 岁退休？我也想啊

记得我刚工作时，有句话特别流行："干到 35 岁就退休。"

现在的我，已经不抱这种幻想了，但是愿望是美好的：我们都希望在三十多岁，或者说 35 岁以后的人生过得轻松一些。

如果想以后活得轻松，那么请在二三十岁时完成积累。

*现代社会最重要的一个特征就是分工明确，你一定要找到属于自己的位置。*

当你到了 30 岁，你的事业和生活应该已经大致定型，这时就很容易判断你今后是成为一个社会精英，还是成为一个默默无闻的社会底层。如果你在 35 岁时还没有在一个领域中取得成就，那么今后你的事业发展可能也不会好到哪里去。

30～35 岁是生活和事业的成型期，但并不是说你只需要在这 5 年努力奋斗，因为你在这 5 年得到的结果，是由你 20～30 岁这 10 年的努力决定的。想在生活和事业上有所成就，需要先在自己

的本职工作上有所成就。

不论你是什么出身，不论你是天赋异禀还是资质平平，在 20~30 岁这个阶段，都需要拼命奋斗，挑选一个适合自己的事业，然后全力去做。

## 成为一个靠谱的人：专注、认真、担当、守信、乐观

所有人在 20 岁的时候，都会做出一个选择，即成为一个靠谱的人还是成为一个不靠谱的人。值得注意的是，大多数人并不会意识到自己已经做了选择。

比如，在应该学习的时候，你选择了上网；在应该考虑如何更好地解决工作上的难题时，你选择了逃避；一件事情你花费 3 个小时能完美完成，但你却选择花费半个小时敷衍了事……

这些一个个看上去很小的选择，对你 30 岁之后成为什么样的人产生了巨大影响。

那么，如何在 20 岁时选择成为一个今后有所成就的人呢？

首先我们要知道有所成就的人需要具备的特点：专注、认真、担当、守信、乐观。如果你在 20 岁时就能具备这些特点，那么等你到 30 岁时必然能够在自己的领域中有所建树。

到那时，你的生活基本稳定下来，事业有了一定的成就，在社会上有了自己的地位，在面对挫折时就不会感到慌张和迷茫，你心中对未来会始终充满希望。

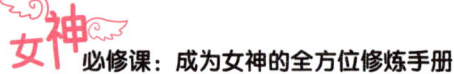

希望未来的你能够成为这样的人。

虽然当今社会竞争非常激烈,但是社会也有它宽容的一面。

*允许你选择多种人生模式。*

你可以选择最常见的模式:上学,工作,结婚,生孩子,然后重心放到孩子身上,平稳度过一生。

你也可以选择其他人生模式,可以将自由和挑战作为自己的人生理想,通过旅行或者流浪的方式去不同的地方,独自面对种种困难,在追求理想的道路上披荆斩棘。

每一种生活模式都各有利弊,你有选择的自由,无论什么时候,你都应该将命运掌握在自己手中,而不是交给其他人。

如果你想以后过得轻松,那么在20～30岁就去多努力多积累。

有人认为努力积累就是多吃苦,我认为这句话只说对了一半。如果你的方法或者方向错了,那么吃再多苦也没有意义,也不值得人敬佩和学习。

有些人喜欢将自己吃苦的经历当成资本四处炫耀,却忽略了吃苦分为两种,一种是有价值的,一种是没有价值的。

现实就是现实,鸡汤文学中的论调放到现实中是行不通的。

无论做什么样的选择,任何时候都要努力把握自己的命运。

你在二十多岁的时候,如果能够将精力都放在自己选择的事业上,那么在之后的10年时间里,你就会不断获取经验,吸取教训,拥有足够的阅历以及人际关系。当你步入30岁时,就会发现,在之前10年所打下的基础之上,你今后的道路走起来会十分顺畅。

【社会生存篇】 女神，是生存游戏中的大赢家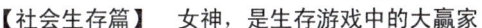

# 28 让努力成为你的习惯

## 每个人的人生都是一份重担

有一个对所有人都适用的真理：不论你身处哪一个社会阶层，当你离开学校步入社会之后，你的人生就是一份重担。

所有人都一样，人生不是让你享受的。我们既然来到这个社会，就要一路披荆斩棘艰难前进。身处当今社会的我们面对着种种问题、竞争激烈、资源减少、金融危机……同时，阶级固化就如一座高山一样挡在我们面前，这意味着我们想要提升自己的阶层会非常困难。

在享受生活之前，首先需要考虑的是生存。

在寻找立足之地之前，首先要考虑的是温饱。

人生如逆水行舟，不会给你休息的时间，你一旦停止努力，就会向后退。

任何事，要么不做，要么全力以赴，千万不要轻易放弃。

*即使是很小的事情，也不要轻易放弃。*

我想说的就是：人生充满了苦难！

既没有什么捷径能让你避开苦难，也没有什么好办法能让你少承受些苦难。

你能做的就是早一点儿看清现实，你能够比周围人看清得早一点儿，你手中的砝码就会多一些；你看清现实之后付出的比周围的人多一些，你前进的速度就能快一点儿。

在这场残酷的人生赛跑中，教条是没有意义的。

如果现在给我一个机会让我重返20岁，那么我希望自己能更早明白我30岁才懂的道理。

也许当我到了40岁时，又希望能返回30岁，让那时的自己明白自己在40岁明白的道理，但时间是不会逆转的。

*所以，你30岁时明白的人生道理20岁时是不可能明白的，因为这些道理是时间教会你的，时间是我们人生课最好的老师。*

人生最残酷的地方就在于，它只会一路向前，永远不会倒退。

你的每一天都是十分珍贵的，因为过去了就永远不会再回来。

所以请珍惜每一天，同时也学会享受每一天。

我们在整个人生中要面对的苦难，有很多在我们出生时就已经在等着我们了。比如生老病死，就是每个人都无法避免的，而我们需要面对的苦难远不止这些。

你出生时的年代、你出生的家庭、你的父母以及你的基因，都会对你今后的人生产生影响。出生年代、出生的家庭、你的父母，

【社会生存篇】 女神，是生存游戏中的大赢家

都是影响你人生的因素。

个人的力量在时代的洪流中是微不足道的。

比如，你出生在战争年代，那你的人生必然就开启了困难模式。区别就是，家中有钱有权的孩子面对的是困难中的普通模式，而作为穷人家的孩子，你面对的是困难中的最高难度。

出生在和平年代，家中有钱的孩子的人生往往就是简单模式，穷人家的孩子面对的依然是困难模式，只不过不是最高难度罢了。

如果你出生在一个普通家庭，那么从上学开始你就要面临种种问题：学费、生活费等等。当你步入社会之后，你所面临的问题就更多了：工作、结婚、买车、买房……这些问题你都无法避开。

真相是：*任何同一阶层的同龄人会经历的问题，你基本都会经历。*

即使你因为运气好，躲过了其中的一个问题，也无法躲过所有的问题。

现在很多年轻人都要去一线城市发展，但即便是一线城市，容量也是有限的，于是就产生了竞争。他们在相互竞争的同时也是在比拼家庭条件。家境好的可以从家里得到很多支持，比如在经济紧张时家里可以贴补，有些家庭甚至可以直接帮忙买房，让其在城市中立足。而家境不好的不仅得不到帮助，而且需要反过来补贴家里，所以这些家境不好的人只能更加勤奋更加努力，因为他们想要在城市中立足需要付出的，比家境好的人要多得多。

不过，在这里我要告诉你一个好消息：虽然人生的问题以及困难程度已经基本定型,你无法改变,但是你可以自由分配自己的精力。

如果你把精力多分配在自己的学习、工作以及对今后人生的思考上,少分配在毫无意义的自我抱怨、伤春悲秋上,那么今后当你遇到那些原本会让你摔个大跟头的问题时,可能只需稍微停一下就能够解决。

此消彼长,道理就是这么简单。

# 29 谨慎对待每一个选择

## 为什么过后才发现：我竟然什么也没有做

很多女孩在毕业三五年之后突然大发感慨：我忙忙碌碌这么多年，现在回头看看，竟然什么也没有做。

为什么会这样？

进入社会后，如果不能学会纵观全局，很容易被忙碌的现实生活推着走，一方面总是被迫做紧急的事情（比如为了生计而奔波），而忽视了做重要的事情；另一方面由于做出错误的选择，不断错过更好的机会。

请谨慎对待自己的每一个选择，分清沉没成本和机会成本。

## 沉没成本：是什么阻碍我们做出正确决策

已经为一件事情付出的时间和金钱叫作沉没成本。经济学上认为，沉没成本不应该对你的决策产生影响。

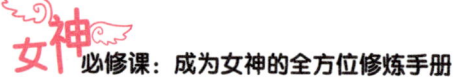
**必修课：成为女神的全方位修炼手册**

我通过以下两个很简单的例子来解释一下沉没成本。

第一个例子是这样的，一个女孩想学习芭蕾舞，所以在一个成人芭蕾舞培训机构购买了三个月的课程。可是上第二节课时，腿就受伤了，无法正常上课。女孩的想法是，芭蕾课程的费用我已经付了，如果因为受伤不去，那我的钱就浪费了，于是坚持继续上课。最终的结果就是：跟腱断裂，只能住院治疗。

第二个例子是发生在我妈妈身上的。有一次，我妈妈在厨房的角落里发现了一瓶罐头，是很久以前我从海外代购的，还挺贵。妈妈虽然看到已经过了保质期，但是她一向节俭，所以偷偷把罐头吃了，结果引发了肠胃炎，去医院输了几天液才好。她输液花了 1500 元，而罐头加邮费是 80 元。

不要为了已经付出的时间和精力而执著于一件事情。一件事情的放弃与否应该由未来的发展情况决定，而不是由之前为这件事情的付出决定。如果判断出这件事情在未来不太可能有好的发展，那么就应该果断放弃。

我有个女朋友请我帮她决策一件事。2015 年 5 月，我的这位朋友被她现在的公司挖角，许诺工资翻倍，我善良的女友当时没有想到签了合同再入职，就直接辞了职。

入职以后才发现，新公司给她的工资远不到当时承诺的工资。她问我，是否应该辞职。

我说："你辞职和不辞职的理由是什么？"

【社会生存篇】 女神，是生存游戏中的大赢家

她不辞职的理由是：她刚刚辞去之前的工作；虽然这个公司给的工资没有达到她之前的两倍，但也提高了20%；她在这个公司做得还算顺利，如果不出问题，也许明年她就能升职，升职速度要远高于同行业水平；如果现在辞职，她又要从头开始。

她辞职的理由则更加现实：她发现这个公司的运作有极大的问题，有很多操作是违反法律的，这是不可能持久的，一旦暴露，后果不可想象。

我对她说："你已经失去的工作是典型的沉没成本，不应该成为你决策的理由。而且，如果一家公司让你升职太快，也许说明这个公司的晋升机制有问题。最重要的是，这家公司有很大的运作问题——这些才是你最应该考虑的，这些会带来什么后果？如果这些问题暴露出来，你还能继续升职吗？你在这个公司还有未来吗？甚至，你在行业内还有多大前途？"

她听了以后，立刻决定辞职。

辞职后大概三个月，她才找到心仪的工作，虽然觉得不开心，但是只能接受现实。

2016年1月，那家公司的问题暴露出来，公司的高管包括她原来的上司，还有她的一个同事都被带走问话了。

她庆幸地说："幸好我辞职了，不然被带走的也许就有我，虽然我没有做亏心事和违法的事，但是在行业内也不会有什么前途了。"

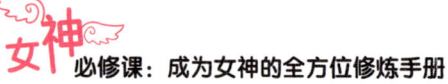

## 机会成本：你需要考虑的不仅仅是眼前的选择

机会成本指的是面临多种选择时，你需要选择其中一个，舍弃其他，而那些没有被你挑选上的选择中，取得收益最高的那项就是你的机会成本。

比如，现在摆在你面前三种赚钱方法，选用A方法你能轻松赚取200元，选用B方法你可以稳定地赚取500元但并不轻松，选择C方法可以轻松赚取1500元但不稳定。你思考之后选择了B方法，那么你付出的机会成本就是轻松但不稳定地赚取1500元。

机会成本告诉我们，应该学会纵观全局，认真思考自己面对的所有选择，明白自己在做出一个选择的同时失去了什么。

选择B，你得到了稳定，但是失去了获得更高收益的机会。

选择C，你得到了获得更高收益的机会，同时也有什么都得不到的风险。

很多人上学时都有打工的经历，通常是做发单员、促销员等，牺牲自己的学习时间，换取微薄的薪酬。从机会成本方面来说，做发单员、促销员之类的工作所带来的收益其实是负的。

不少人对商业保险比较排斥，但是有些商业保险还是有必要买的，这个钱不应该节省。我听过这样一件事：有一对中国夫妇到美国旅游，在途中发生了意外，因为他们在旅行前没有购买100美元的旅游保险，所以事故发生之后无法支付巨额的医疗费用，最后只能依靠募捐治疗。

**【社会生存篇】** 女神，是生存游戏中的大赢家

这对夫妇旅游前，在花费 100 美元购买旅游保险和节省 100 美元不购买保险两个选项中，选择了后者。在当时看来是节省了 100 美元，但是因为旅途中发生了事故，他们后来所花费的金钱要远远高于购买保险的 100 美元，这些多花费的金钱就是他们付出的机会成本。

节俭是美德，但我们要分清什么事可以节俭，什么事不可以节俭，不是什么花费都能节省。如果你在不应该节省的事上节省了，那么你有可能会付出高昂的机会成本。

要谨慎地对待重大问题的选择，因为你的选择有可能会带来高昂的机会成本。在面对重大问题的选择时，你应该先收集各种相关的信息，宁可多花费金钱和时间，也不要草率做决定，尽自己最大努力避免高昂的机会成本。在日常生活中我们不难发现，有一些人对于小事情会精打细算，但面对重大事情时反而草草做决定，这种行为是非常不理智的。

在成长的道路上，会有很多岔路口让你选择，有些人不知道该选择哪一条路，所以就想将所有的道路都试一下，这样做的结果就是个人精力被严重分散，最终一件事情都做不好。

如果在面对岔路口时，能够将目光放长远，对自己的选择进行科学的分析，然后再做选择，那么付出的机会成本可能会小很多。

# 30 请尊重能决定你前途的那些人

## 你尊重的是他的位置,而不是他本人

请尊重那些能决定你前途的人,比如你的领导、你的重要客户等。无论什么时候,你的上司都是对的。

有的女孩说,我的领导是个人渣我也要尊重他吗?

第一,他是不是人渣,不是你一两句话决定的。

第二,你尊重的不是他本人,不是他的人格,而是他的位置,是所在的组织赋予他的权力,是他对你前途的决定力。

即使你对老板非常不满,你在他面前也不能表现出来。

一个人对你持什么样的态度,很多时候取决于你们之间的关系,身处职场的人要牢记这一点。

有些人经常会夸奖你,但他们这么做很可能并不是因为你非常优秀,而是你同他们的关系要求他们这么做。

如果你的意志不够坚定,那么进入一个新环境后,请远离那些整天抱怨的人。

人的情绪是能够相互传染的,当你到一个新环境后,他人的长期抱怨会让你对所在的环境感到失望,进而工作态度也会变得消极。

当然,如果你有足够坚定的意志力,那么同那些整天散发负能量的人接触还是有好处的,因为他们大多说话口无遮拦,你能从他们口中得到很多有用的信息。

## 与领导相处是有规则的

不要认为你的领导什么都不了解,你付出的辛苦,领导很多时候是知道的,但是即便他们知道,也需要你说出来。领导有他的立场,他对一件事情的看法和你是不一样的,所以你要说出来,引导他站在你的立场上考虑问题。他只有知道了你面对的困难,才可能考虑你的感受。

领导交给你的任务,你在完成之后要多检查几遍再汇报,即使你确实发挥出色,很快就完成了,也不要立刻汇报。你想一下,假如你将一个工作交给了手下的人,这份工作正常情况下需要三天完成,结果那个人一天就完成了,你会怎么想?

可能会产生"这是在随意应付我"的想法,一旦有了这种想法,即使这份工作没有问题也会去挑问题,除非这份工作确实非常着急。

领导让你帮忙做原本不属于你的工作,即使你非常轻松就能完成也不要表现出来。当你表现出这个工作只不过是举手之劳时,你的领导就会认为这种小事是你应该做的,不必对你表示感谢。下次

有这样的事情他还会找你,并且觉得心安理得。

## 学会带给他人愉快的感受

第一印象非常重要,人们一旦对某个人有了第一印象,再想改变会很困难。

要学会更多地注意他人,不要总是以自我为中心,如果能做到这一点,那么相信你同他人在一起时双方都会很愉快。

学会尊重他人,这和他人是否优秀没有关系,而是取决于你的素质。

学会倾听,倾听并不是让你呆坐着听对方说话,而是要明白对方想表达的意思,你要有愿意了解对方的意愿。女孩子经常会对男朋友说"你不懂我",这句话其实是想让你知道她想表达什么。

学会用感情对倾听的内容做出反馈。

在倾听时,你可以通过眼神表达自己的悲伤,可以给对方一个拥抱表示自己的关心,可以紧握拳头表达自己的愤怒。倾诉者在看到你的情绪反馈之后,会觉得你是真的设身处地为他着想了,而且你就陪伴在他身旁。

记住:你想要别人用什么样的态度对待你,你就要先用什么样的态度对待别人。

## 31 给予回报比什么都重要

### 不懂得回报，下次可能你就没机会了

我喜欢请教那些资历和见识远胜于我的前辈，他们的人生经历更丰富，见识也更深刻。毕业之后，我从前辈身上学到的经验和智慧，和我自己在社会中得到的一样多。

而我得到的最好的建议之一，就是：

*任何时候，只要别人帮助了你，你就一定要给予回报。*

有位前辈给我讲了这样一个故事：

我有两个朋友 A 和 B，他们年纪差不多，都是二十七八岁，两个人都是只身来大城市上大学，毕业之后就在大城市安家立业。

两个人的家境都一般，所以都需要自己奋斗。他们两个和我的交情一开始也差不多，直到发生了一件事。

2015 年两人先后结婚，都开始琢磨买房子，拜托我帮忙买一个楼盘的房子。

也是巧合，那个楼盘我还真有一些关系，我的朋友C是那个楼盘的销售经理，于是我打了很多次电话，拜托朋友C给他们两个都抢到了特价房。

其中朋友A，我的朋友C还给他额外降了8000元，因为他手里只剩一个优惠名额了，衡量之下给了A。

朋友A知道后很高兴，据说还专门打电话跟朋友B说："哈哈，不服不行啊，真是好运气。"

我没想到朋友A这么不懂事，心里有点怨他，不应该把优惠8000元的事情让朋友B知道，显得我厚此薄彼。

但是朋友B专门为此打电话给我，说他知道这都是运气，对于我能够帮他买到心仪的房子非常感激。

如果事情到此为止，那还不会影响我对两人的态度。

之后几个月，朋友A既没有上门表示感谢，也没有打电话。买到房子后，他就这么从我的生活里消失了。我获得他消息的唯一渠道就是朋友圈，今天签合同了，明天付首付了，大后天交钥匙了等，不一而足。

但是朋友B，专程上门表示感谢，还非要请我吃饭。在席间，B拿出两份礼物，一份是给我的，表示对我的感激；另外一份，则是让我送给帮了大忙的朋友C的。

他的话说得特别平实，又特别巧妙："这个礼物，你送给那个在选房上帮忙的朋友。"只字未提以他的名义送礼，而是让我以我自己的名义去还人情。

【社会生存篇】 女神，是生存游戏中的大赢家

朋友B是懂得社交规则的人，他知道我请人帮忙，是要搭人情的，我需要把这个人情还回去。

在我请朋友C的时候，我把朋友B给的礼物拿出来，说："B说非常感谢你帮忙买到房子，这是他托我带给你的小礼物，你别嫌弃。"

这样一来，皆大欢喜。经过这件事，我和朋友B、朋友C的关系都更近了一步。朋友B无论是给我，还是给朋友C都留下了"懂事""知道感恩""可以一交"的印象。

而朋友A，我是不会再帮他了。

我注意到，那些出身较好的女孩和出身普通的女孩，在为人处世方面有很大的差别，那就是出身较好（家人经商或者从政）的女孩更注重人情世故，更懂得分寸和给予他人回报。她们任何时候都不会让帮助自己的人吃亏。

而出身普通的女孩，其实也一样是善良的，只是很多时候，她们不那么懂人情世故，当你给予她帮助时，她并不懂得要给予回报。她只是在心里感激，也许是因为害羞，所以不好意思将感激表达出来。

其实我并不想用出身来说明什么，但是现实就是赤裸裸的，社会的人情和规则都是潜移默化的，很多女孩从自己的父辈、从自己生活的环境中就学到了这些。

如果你没有学习这些规则的家庭环境，那么从现在开始学也不

晚，这几乎是穷人逆袭的最大保障。

如果别人帮助了你一次，你没有给予相应的回报或者回应，那么也许下次别人就不会再帮你了。不懂得回报，你的路会越走越窄，你会发现，愿意帮助你的人越来越少。

## 互利是穷人逆袭的最大保证

除了自己需要努力，在别人帮助你时，一定要给予别人回报，我想这是穷人逆袭最需要的思维。

即使你酬谢他人的时候感到不好意思，但是基本的请客吃饭、经常打个电话，还是要做到的。

有些女孩因为自身条件不错，常常得到别人的帮助，便把别人的付出看作理所应当，结果导致愿意帮助她的人越来越少，仅剩的几个人还都是对她有所图的。

*懂得和他人互相帮助、互相给予的，才是女神；只收获不付出，那叫捞女。*

我们在生活中，往往要和身边的人进行无数次互利，说得中性点叫利益交换，说得好听点叫互相帮助。

不管名头是什么，"互相"两个字才是根本。大家都喜欢认可自己付出、回报自己付出的人。无论是一个感谢的电话、一次请客吃饭还是一份小礼物，这些都是回报。

在你的一生中，你与他人发生互利的次数越多，你的路就越宽。

【社会生存篇】　女神，是生存游戏中的大赢家

# 32 运气不好，只是努力不够

## 你真的只是运气不好吗？

我有一个朋友 W，她已经工作三年了，在 2016 年 5 月，她选择离开现在的单位，告别每月 2200 元的收入和无聊的文员工作，想要寻找理想中的工作。

一个月后，她非常困惑地对我说："为什么我投了那么多简历，却没有一个有回音？"

我看了看她投简历的职位，都是有技能门槛的专业助理工作，而她在过去的三年中，除了做文员的工作，真的什么也没学会。

于是我告诉她："你没有专业技能就想应聘助理，这是不可能有结果的。"

她有些生气，大声说：*"我不介意工资低，不介意工作辛苦，我愿意努力工作，我有这样的诚意，为什么不行呢？"*

说完之后她又加了一句话，"我的运气实在是太差了。"

我苦笑了一下，然后问了一句："你真有足够的找工作的诚

意吗?"

2015年我和朋友合作了一个项目,感觉前景不错,于是我把很大精力投入到这个项目中。确定了项目,就是招聘。因为我要招聘的是核心成员,所以没有通过招聘网站招聘。

我先把招聘要求发到了相关论坛上(年龄、专业技能、性格、所在地等),然后将公司大概情况做了简单介绍,以便让来应聘的人对要做的事情有所了解。

第二天就有人给我发了邮件,说她对我要做的项目非常感兴趣,但是她没有做过这方面的事情,也没有资金,只是觉得这个行业非常有前景,所以想和我合作一起发展。她还说虽然自己现在什么都不会,但是她是一个有上进心的人,愿意去学。我回复邮件拒绝了她。

接下来几天,我又收到了好几封类似的应聘邮件,内容都是大同小异:我可以打杂,我没有专业技能,我也没有相关经验,但是我努力上进,可以学习。因为数量较多,我没有再一一回复。

我看着这些人发来的邮件,突然想起了女孩W,她们的措辞都差不多,表达的意思也大同小异:我很有诚意,我很愿意努力,我什么都可以做,只要你愿意招聘我。

如今,女孩W又回到了自己熟悉的文员岗位,做着一份无聊的工作,薪水也没有提高多少,想象中的从底层做起走向辉煌的情景也没有出现,甚至连点起色都没有。我告诉她:要在工作之余学习一门技能,如果想进入某个专业领域,首先要知道这个领域的相

【社会生存篇】 女神，是生存游戏中的大赢家

关知识，而这是需要自学的。她只当耳旁风，还是每天都在哀叹自己运气实在太差，当初不应该选择跳槽。

*她们的诚意是什么呢：我什么都不会，但是请你给我一个机会！*

也许这些什么也不会的女孩，就像女孩 W 一样，毕业之后随便找了份简单的工作。因为工作内容相对简单，也不需要什么技能，做得还不错；这一份无聊的工作一做就是两三年，然后开始考虑转行。但是对于她们表达的"诚意"我完全不能理解，她们所说的诚意，就是直接告诉用人单位"我什么都不会，什么也没有，但是你可以选择我，然后教我做事"？

## 你"愿意努力"，并不是你的资本

在我眼里，这是非常没有诚意的表现，你现在什么都不会，这是客观事实，但你起码要告诉我，你在学校的时候策划过什么活动，你在某某论坛上发表过什么有建设性的帖子，或者因为自己有很多不足，所以利用业余时间去学习了什么……这些才是我想看到的诚意，也是可以证明你因为自己的不足，而付出的努力和做的准备。

对于"什么都不会""愿意从底层做起"这样的话，我非常反感，你不从底层做起难道还直接就从高层做起？你在不具备一定的实力和资本前，谦卑对你来说不是美德，而是必需品，不要将它当作资本。

## 33 如果小时候没有学会情绪管理,请从现在开始

### 有的人一生都没有学会控制情绪

很多人在进入中年后才学会控制自己的情绪。这其实并不奇怪,有相当一部分人一生都没有学会控制和表达自己的情绪。

其实学习情绪管理应该从小开始,如果你小时候没有建立起完善的情绪系统,那么请从现在开始。

*为自己建立一套弹性的情绪系统。*

弹性的情绪系统,是指你的情绪可以在一定程度内收放自如,你拥有正常的情绪,同时又可以自控。

有些人可能不明白什么是弹性情绪系统,我可以举个例子说明。比如我们感觉自己受到了他人的侮辱,或者我们抱有很大希望的事情没有得到想要的结果,这时,我们就会产生愤怒的情绪。

愤怒的情绪产生之后我们应该如何面对呢?是暴跳如雷立刻反抗?还是不去理会默默承受?

这时就需要弹性情绪系统发挥作用。同一种情绪,在不同时间、

环境或者状况下,我们需要用不同的方法去应对。

在大多数人眼中,愤怒是一种非常糟糕的负面情绪,但实际上并不是这样。愤怒情绪的存在是为了保证我们能够更好地生存下来,愤怒是一种不可或缺的情绪。一个没有愤怒情绪的人永远会被他人欺负和压迫,愤怒常常是让我们拥有自由和公平生活的另类保障。

但很多时候,愤怒会让我们很难控制自己的情绪。比如,当我们感觉自己受到了他人的伤害时,有可能对方只是无意的行为,但是我们还是会产生愤怒,这时我们就需要控制自己的情绪。

在大多数情况下,发生正面冲突并不是好的选择。

你需要用自己的理智来控制愤怒,然后再思考怎样作出回应。现代社会竞争激烈,要想更好地生存下去,除了必要的竞争力,愤怒是必不可少的能力,但同时你也必须有控制自己情绪的能力。

面对心中的愤怒情绪,有时可能需要我们暴跳如雷,将它发泄出来;有时则需要平心静气,坦然地承受。究竟选取哪一种方式应对,这由事情发生的场合、时间和性质来决定。所以,我们需要拥有一套情绪系统来应对这种情况,让我们的情绪能够以最恰当的方式表达出来。

### 如何调节自己的负面情绪?

虽然你能够认识到某些情绪是负面的,是不应该出现的,但是却无法改变自己的情绪。有的人会采取压抑自己情绪的方法,但是情绪不可能一直被压抑下去，压抑只会使你的情绪在某一时间突然爆发出来。

*别想着逃避，逃避只会使负面情绪更严重。*

现实常常会让我们产生负面情绪，当我们出现负面情绪时，有人选择逃避，不去面对这一切，但是这种做法只会让事情向更坏的方向发展。

情绪不可能被永远压抑，但是你能够让一种情绪去替代另一种情绪。当你主动面对事情寻求解决方案时，就会发现其实这并没有多可怕。

*让正面情绪替代你的负面情绪。*

当你高兴时，可以打篮球，可以读书，可以跑步等。长此以往，这些事情会成为你正面情绪的开关。我们有可能会忘记一个人长什么样，忘记一件事情是如何发生、如何结束的，但是我们对人对事物的感受并不会消失，它们都藏在我们的潜意识中。

当我们的情绪开关设置成功，再碰到负面情绪时，可以做一些能够打开我们正面情绪开关的事情，让正面情绪去替代负面情绪。

*给自己的心灵找到寄托。*

信仰能够让人更容易控制住自己的情绪，身处困境时，信仰能够成为精神的寄托和归宿。

我以前经常胃疼，每当这时心情也会变得很烦躁。但是在前往医院的路上，我的烦躁会慢慢平复，因为我知道即将到医院，剩下

【社会生存篇】 女神，是生存游戏中的大赢家

的事情医生会很好地处理，我自己不用再担心。

有时我们需要承认自己的弱小，找到一个精神上的寄托。

你可以让自己的理想成为寄托，也可以让信仰成为寄托，一旦拥有了寄托，很多困难的事情在你眼中就会变得很简单。

## 【终身幸福篇】
### 人生,其实不是一场马拉松

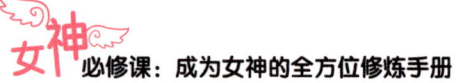

# 34 有没有一样东西，可以保障终身幸福

## 停止幻想是解决人生问题的开始

2015年，我发生了很大的改变，一个重要的改变契机来自我大量地阅读和自我反思。我阅读了许多关于人生问题和人生痛苦的书籍，其中最重要的两本是《少有人走的路》和《活在当下》。

这两本书对我的影响非常大，让我开始重新审视人生，审视自我，审视我逃避生活的状态，审视我自身的痛苦和问题到底来自哪里。

当我们凝视深渊，深渊也回以凝视。

当我开始回避问题，我本身就成为问题。这两本书使我学会了保持"临在"，保持对自我想法和情绪的观察，并不断发现内心那个龌龊、自私、忧伤而喋喋不休的声音。

很多时候，我惊讶地发现，我竟然被内心那个小小的自我如此控制，却茫然不觉。

保持对自我的观察，对自我的反思，是解决情绪问题的开始。

【终身幸福篇】 人生,其实不是一场马拉松

而停止幻想,则是解决人生问题的开始。

世界上只有10%（我真的怀疑是否有这么多）的女孩活在真正的幸福中,剩下90%的女孩则各有各的导致她感到不幸福的问题。

不要再期待世界上有绝对的幸福,要相信即使你有那么多使你感到痛苦的事物,即使现实令你失望,但是你依然可以承载它们,获得幸福。

这两年《哈佛幸福课》特别火爆,在人群中疯狂地传播,我也用了很多时间,把二十多集的幸福课看完了,确实非常受启发。

但是幸福课就能让我们幸福吗？当然不是,幸福的起点是直面现实；幸福的起点是懂得道理,然后抛下"道理",走向现实。

你懂得很多道理,但是你真的实践过那些道理吗？

没有行动、不愿意行动,真是我们人生中的最大黑洞,我身边很多女孩子,都是一边抱怨生活的艰难和无趣,一边沉沦于生活中的负面情绪。

只要行动,就意味着你开始摆脱不幸福的泥沼了。

但是你宁愿抱着不开心,一遍遍刷微博、朋友圈,在社交网站更新你乏善可陈的状态,关心别人和你毫无关系的生活,也不愿意走进阳光中,抽出一个小时去运动,去"真正地生活"。

我们活着,并不意味着我们在生活。

我们习惯于用不屑一顾的眼神面对世界,假装成熟,假装看透,却不愿意承认。真正的成熟,就是见识过很多残酷和失望,却依然心怀希望和温柔。

哈佛幸福课的主讲人泰勒教授，年轻时是个不快乐的人。他是个典型的完美主义者，在不断地自我质疑和自我折磨中，陷入了他人无法理解的焦虑。

因为在别人眼中，他似乎拥有了一切。

而他不明白的是，为什么他仍然不快乐？怎么做才能获得快乐？于是他开始研究幸福，不断实验那些能使他幸福的方法，最后得出了关于幸福的一套完整体系，并分享给不同世界不同背景的人。

你的生命终极目标，不是钱，不是地位，不是别人羡慕的眼神，不是50个香奈儿，也不是金光闪闪的高跟鞋。

亲爱的，是幸福，是快乐。

我们总是习惯于关注不快乐的事。

打开社会新闻、门户网站，我们满眼都是那些最不幸的消息，某个年轻女孩遇害，哪里发生了地震，哪里的飞机失事。

和悲伤、痛苦相比，快乐显得那么稀缺。

我们的思路也总是习惯于强调人类的限制性，人类的生老病死，人性的弱点。是不是人生的痛苦远大于幸福，人类的弱点是无可战胜的？当然不是，人生的痛苦既不是特别多，也不是特别少，大多数人的痛苦和幸福的值不相上下，有的人幸福，有的人不幸福。

取决于你把其中的哪个看得比较重。

## 35 幸福基线：决定你幸福的 90%

### 幸福基线：不好不坏情况下的幸福程度

一个人是否幸福，90% 是由其幸福基线决定的。

所谓的幸福基线，是指在既没有发生好事也没有发生坏事的情况下，你的幸福程度。

发生好事，我们会觉得幸福；发生坏事，我们会感到不幸。

比如，考入你梦寐以求的名牌大学，你以为你会为此开心很多年。实际上，你只是在刚刚收到录取通知的那几天很开心，那就是你快乐的巅峰了，而后幸福感不断衰弱，它能带给你的刺激也越来越小。

通常在入学半年到一年时，你就不会再为进入名牌大学感到幸福了，你的注意力已经被学业和其他事物所吸引。

如果你的幸福基线是 70 分，那么考入名牌大学，会在短时间内把你的幸福指数提高到 90 分，两周后你的幸福指数变成 80 分，入学三个月后变成 75 分，入学半年以后，你的幸福指数，已经和

你没有考上大学前差不多了。

这就是幸福基线。

同时,不幸的事情发生,也会在短时间内降低这个基线。没有考上名牌大学,你辜负了自己和所有人的期待,你的幸福指数会降低,但是随着时间的流逝,半年后,一年后,你仍然是原来的你,你会发现,你的快乐程度其实和一年前一样。

时间会带走因事而生的快乐,也会带走因事而生的不快乐。

没有什么事值得你郁郁终生。那些郁郁终生的人,并不是因为什么事,而是因为他本来就是个悲观的人。

一个患有严重抑郁症的人中了彩票,发了财,他会因此永远幸福吗?当然不会,短暂的狂欢之后,他仍然是那个抑郁的人。

情绪会随着外界的变化而变动,而幸福基线是永远不变的,它是你内心的稳固状态。

那么,该如何提高自己的幸福基线呢?

## 影响幸福基线的三个因素

影响幸福基线的三个因素:遗传因素、外部环境、自我意愿和行动。

### 遗传因素

很遗憾,很多事在我们出生时就已经决定了。比如,你基因中被写入的快乐更多，还是悲伤更多，有的人就是天生天不怕地不怕，天塌下来也无所谓；有的人天生就多愁善感，一件小事都能困扰他很久。

**外部环境**

除了基因，影响我们幸福基线的另外一个因素就是外部环境，发达国家的人与战乱国家贫穷饥饿的人，幸福基线肯定是不一样的。

一个健康的人与一个身有痼疾的人，幸福基线也会表现出明显差异。还有我们最看重的家庭环境，生长在幸福家庭，从小得到父母庇护和关爱的人，与生长在不幸家庭，被家暴和忽视的人，幸福基线也不一样。

但是，我必须强调一点，外部环境虽然会影响我们的幸福基线，但却不是决定因素！通过研究财富对幸福指数的影响发现，当人类的基本需求"温饱""安全感"得到满足后，财富对个人幸福产生的影响，就可以忽略不计了。

住豪宅的人一定会比流浪街头无家可归的人幸福，但是却未必比住在两居室里的人幸福。

**自我意愿和行动**

意愿和行动本身就能改变幸福基线。

幸福常常取决于我们关注什么。我们看到什么，我们就感到什么。

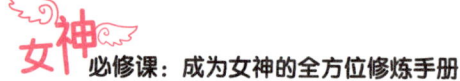

每件事都有正反两面，选择关注哪一面，决定着我们的幸福感。学会解读一件事，比事件本身更重要。

我们无法改变事件本身，但却能改变我们看待它的角度。

这并不是让我们变成鲁迅笔下的阿Q，而是让我们学会将自己的注意力转移到事物积极的一面去。

学会让你的积极思维主导你，而不是你的负面情绪。

不知道从什么时候开始，积极和乐观常常和"盲目""假"挂在一起，盲目乐观、假积极、自欺欺人，是社会对积极思维的看法。

采取悲观的态度，这样即使不幸发生，"至少我说对了，不至于被人说让你乐观"，这种想法的本质是畏惧。

不要畏惧乐观，不要畏惧因为乐观而受到嘲笑，不要畏惧因为乐观而失望，努力成长为更强大的人。

你越欣赏一件事，它越会增值；你越欣赏自己的乐观，它越强大。

每个人都有成为乐观的人的潜质，前提是你愿意培育它，浇灌它，而不是在它刚冒头的时候就把它扼杀在摇篮里。

任何时候，都要让自己成为主动者，成为掌控事件发展的人，而不是被动等待奇迹发生，或者沉沦在自己的负面情绪中。

停止愤怒，停止自恋，它们只会造成心灵的沮丧。

学会感激让你更快乐。

"感激"对于我们来说是一个非常重要的"渠道"，我们必须用心去挖掘才能够得到。人们通常对已经拥有的东西不在乎，对于

自己没有得到的东西却十分重视,这样就很难有幸福感和满足感。

想要真正学会感激,需要不断练习,直到感激成为一种习惯,融入我们的性格中。不要等到无法挽回的地步才想起来感激。

可以每天写出值得自己感激的事情,尽量多元化,不要重复,这会让你学会发现值得自己感激的事情。你可能会感觉这种方法像是小学生写日记,非常幼稚,认为只要将值得感激的事情记在心里就可以了,何必写出来呢?

将自己认为值得感激的事情写出来是很有必要的,这样做能够让你每天都有意识地寻找值得感激的事情,思考自己身边的美好事物,不断地刺激和强化这一能力,使其成为你性格的一部分。只是将感激记在心里,就像是走在沙漠中的脚印,风一吹就消失了。

你可以每周挑出几件令自己感激的事情写感谢信,然后带着感谢信去拜访当事人,当面将信的内容读出来。可能这样做会让你感到尴尬,但是却能起到非常好的效果。一周快要结束时打电话约定上门拜访的时间,然后下周去拜访,拜访完之后再写感谢信,再打电话,再拜访。如此循环,让它成为一种生活习惯。

不要指望"什么事发生会让你快乐",要指望"什么事都不发生,你也快乐"。

甚至要指望:即使不幸的事情发生了,你仍然快乐。

# 36 温暖，也许就在下一个转角

## 熬不下去了怎么办

那天晚上 11 点，我接到小 H 的电话，她抽噎着对我诉说这些年的不如意：工作的反复、数次分手、父母的偏心以及那天下午上司的冷嘲热讽，让她心灰意冷。

她说："我真的好累啊，我觉得熬不下去了。"

我想了想，给她讲了 Z 女孩的故事。

我有一个来往多年的生意合作伙伴，我们先叫她 Z 吧。虽然和 Z 是通过生意合作认识的，但是多年来的合作让我们已经从合作伙伴逐渐成为朋友和知己。

Z 已经到了不惑之年，当年她不顾家人反对，毅然决然地从众人羡慕的法院辞职，下海经商。经过多年的打拼，Z 如今可以说是功成名就，是周围众人所羡慕的对象。

但是我知道，在她光鲜的外表下也有痛苦和遗憾，她一直没有结婚，也没有孩子，她曾不止一次和我说过这个。

【终身幸福篇】 人生，其实不是一场马拉松

当年 Z 决定辞去法院的工作时，周围所有人都无法理解。当时她和男朋友已经见过双方父母，到了谈婚论嫁的地步，她这个决定引起男友和男友父母的极力反对。男友的父母直接告诉她，如果她辞职，就让儿子和她分手。于是，Z 选择了分手。

当时 Z 的想法是："既然大家想走的路不一样，那就不要耽误彼此了。"

Z 30 岁时，追求她的人还是很多的，但那时 Z 忙于自己的事业，虽然也想要一个家庭，想要一个孩子，但还是让步给了事业。Z 的想法是："还是再等一等吧，结婚生孩子晚两年也来得及。"

几年之后，当年追求她的人都已经与别人组成了家庭，Z 依旧是单身。

Z 36 岁那年，认识了一位大学教授，对方是那种非常有气质的文化人，很快两人坠入了爱河。Z 觉得虽然有点儿晚，但是还来得及。

在两人即将步入婚姻的殿堂时，对方心里又有了其他人，这个人是他的学生，刚满 25 岁。

Z 没有再做什么，决定放手。

此时 Z 已经心灰意冷，就这样一直单身到 40 岁。

Z 的 40 岁生日是我和她一起过的，我们站在全市最好的酒店的最高处，一边喝着红酒一边聊着这些年的经历和感受。Z 对我说："对于婚姻我并不是十分看重，但是我真的想要一个孩子，没有孩子是我这一生最大的遗憾。如果有可能我愿意拿自己的所有去换一个孩子，但是现在一切都晚了……"

和 Z 认识这么多年，我习惯了看她扮演女强人的角色，这么失落消沉的她我还从没有见到过，我不知道该怎么回应她说的话。

因为 Z 并不是一个初入社会的小女生，多年商界打拼，所有的人生道理她都明白，她是一个足够聪明的人，但有可能正是因为太聪明，所以她不快乐。

Z 接着说："其实无所谓了，我现在也看开了，保持一个单身女强人的形象也不错。"

故事到这里，是一个标准的悲伤故事。

然而命运总是难以捉摸的，Z 心灰意冷之后独自出去旅行，在一艘豪华游轮上，她认识了命中注定的另一半。

两人没谈多久就结婚了，一年之后，Z 成为妈妈。

我到 Z 家去探望她，她怀里抱着孩子对我说："这么多年来，我对于自己所做的事情从来没有后悔过，虽然很多事情别人都不能理解，但是我知道自己想要的是什么。我后悔的事情只有一件，就是 36 岁那年感情受挫后对婚姻心灰意冷，因为感觉自己这辈子不可能有家庭，也不可能有自己的孩子了，所以非常悲伤。不过现在都已经过去了，如果有机会的话，我想要对当时的自己说，不要因为眼前的痛苦就伤心失望，放弃信心，因为你不知道未来会遇见什么。"

温暖，也许就在下一个转角。

【终身幸福篇】 人生,其实不是一场马拉松

# 37 纠结地活着,又怎么可能快乐

## 不快乐是世界的流行病

很多人不快乐,尤其是年轻人。

我们为什么不快乐?

欲望太多,实现太少。我们透过电脑屏幕和手机屏幕"看到"的世界太精彩,和我们真实的生活形成了鲜明的反差。

我们常常算计,怕没钱,怕没有安全感,害怕人生的无常。

我们无比关心别人的生活,关心别人吃了什么、做了什么、玩了什么,或者被动看到这些,或者主动看到这些。

我们无比关心他人对自己的看法和评价。

我们偶尔笑笑别人,偶尔被别人笑笑。

未来有太多不确定性。

喜欢我的人我不喜欢,我喜欢的人不喜欢我。我喜欢和不喜欢的人都不能以我喜欢的方式喜欢我。

我们永远要求自己进步,却好像总是原地踏步。

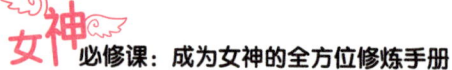

我们渴望升职加薪，但是工作似乎永远也做不完。

我们想要有计划地生活，但却总是做不到早睡早起。该睡觉的时候，我们被美剧和社交网络吸引了注意力；该早起晨练、做早餐的时候，温暖的被窝又变得更具有诱惑力。

我们不断对自己提出要求，不断设定目标，但是目标永远是那么遥远。

上升的是体重，下降的是体质。

朋友看起来总是过得比我好，前男友找的新女友比我年轻漂亮，现男友相比前男友却又有诸多不足。

同事不好相处，斤斤计较、推卸责任又唯利是图。

上司总是异常苛刻。

想要更多的金钱，更多的权力。

我不喜欢自己的工作，这个工作不适合我，大材小用。我认为适合的工作，竟然不要我。

我看到别人在看电影，我也要去买票。

我看到别人去西藏，我也要请假订火车票。

我看到别人晒幸福，秀恩爱，我也要脱单找人炫耀。

一言以蔽之：我们是如此纠结地生活着。凡是我拥有的我都不满意，凡是我没有的都是最好的，没有那些我就不能幸福。

"永远不满足"真是人类的天性，这种天性让我们永远想要更多。

究竟什么是快乐？

**【终身幸福篇】** 人生，其实不是一场马拉松

## 快乐＝实际－你的期望

把实际值调高，或者把期望值降低。学会在最简单的事情中找到快乐，学会从日常生活中寻找精彩：没有大餐吃，公司食堂今天多给了个鸡腿，那也是非常美妙的。

没有办法去国外旅行，公司组织周边一日游，风景也是很好的。

没有办法去健身房锻炼，自己围着小区跑一个小时，也是畅快的。

一个无所事事的下午，没有朋友陪伴，自己叫个外卖，看本小说，也是非常开心的。

学会降低期望，从平淡中品尝真味。

烦恼的时候，不妨"随它去吧"。

王明夫先生写过一篇文章《中国的社经大势和商业大未来》，其中有一段非常有趣："南怀瑾先生是大师，我读他的书，能明显感觉到他的学问非常了得，尤其是对中国历史和文化典籍，南师如数家珍、融会贯通。但我没有见过南师，没有真切感受过他的人生境界。后来我听到一个故事，说：有个人老是失眠，睡不着觉，很苦恼，问南怀瑾怎么办，睡前念心经好还是念别的什么经好？南怀瑾说，你什么经都别念，你就念'去他妈的！去他妈的！去他妈的！'南师这一句话'去他妈的！'，让我突然感觉到南师的境界很高很高，太牛了。我道行浅，南师那么多著作，也没让我感觉到境界。而这一句话，却让我突然感觉有所悟。"

"去他妈的",其实是"随它去吧"的意思。

我们也要向南怀瑾大师学习,在烦恼的时刻,要有"随它去吧"的勇气。

## 改变自己消极的心智模式

改变你消极的心智模式,非常重要。

人类的心智模式有极大的弹性,神经拥有无限的可塑性。新的神经元每时每刻都在产生,你强化关于乐观和积极的神经,它就会越来越强大,好像一个小小的水沟,经过你的不断开拓,终究变成了河流。

你以为你是某种人,只是你的个人习惯。每个人都可以变成另外一个人,只要你愿意。

学会建立你的乐观神经,然后再一次次地强化它。开始可能有点困难,但是总有一天,你的乐观精神会把你吓一跳。

培养积极的思维,可以让你对事物的负面不敏感,对事物的积极方面更加敏感,这样就能拥有更好的承受力!

让外界环境影响你的幸福感。外界环境,比你想象得更能影响你的幸福感。环境越宽敞舒适,人的幸福指数就越高;环境越清洁整齐,人的情绪也就越好。

## 建立一套完善的自控系统

一个人的人格系统是否完善非常重要。

自控系统排在人格系统中的第一位,一个人如果没有自控系统,那么他的人生道路将会非常艰难。

女性缺乏自控系统可能会早恋,然后早早退学,步入社会,但因为没有足够的知识和适当的技能,只能在社会底层挣扎。有了家庭之后,因为连自己都无法控制,就更不用说去教育下一代了,而孩子拥有一位这样的母亲,也很容易出现问题,影响今后的人生。

男性缺乏自控系统更糟糕,过早辍学,认识不良朋友,以在社会底层打工为生。而生活的艰难会让他们很容易走上犯罪的道路。

大多数人都拥有自控系统,区别在于自控系统的运行是否良好。我们要做的,就是保证自己的自控系统正常运行。

自控系统如果不能正常运行,通常会出现两种情况:第一种,自控能力缺乏,这将导致我们纵容自己做一些明知道是错误的事情;第二种,自控过多,自控过多会让我们成为"好好先生",或者成为刻板不知变通的人,因为自控过多,所以会将很多不属于自己的责任也承担下来,自己真正的目标反而无法集中精力去做。过分的自控会让我们恪守规则,但不知道变通的人在当今社会很难立足。

培养正确的自控能力,需要我们拥有准确的判断能力以及足够的勇气，这并不容易。你要去追求诚实，并将它当作自己的责任，同时还要学会将一些不属于自己的责任放弃。

将目光放长远，学会推迟满足感，做到这两点你的生活将会变得非常充实和高效。当下的生活非常重要，把握当下，去努力奋斗，快乐将会充满你的人生。

【终身幸福篇】 人生，其实不是一场马拉松

# 38 精神和肉体的关系，比你想得更密切

### 你以为你不开心，也许你只是饿了

L 是一位城市白领。2015 年下半年，她的工作时间调整，下班时间由 5:00 推迟到 5:30。一开始，L 觉得这对自己不会有什么影响，因为她本身就是个工作狂。

但是事实却并非如此，L 发现自己每天下班的时候都显得无精打采，郁郁寡欢，同事在电梯里和她打招呼，她也没了聊天的兴致。

L 的这种状态会一直维持到回家，吃晚饭……

在过了一段时间这样的生活后，有天下午 5:00，L 的同事珍妮给她带了一小块柠檬蛋糕，L 自己泡了一杯咖啡，并借着醇香的咖啡享用完了那块蛋糕。

下班时，L 发现自己心情很好，回家吃完饭，她的心情仍然维持在较高的水平。

L 觉得很奇怪，决定第二天试试下午什么都不吃，自己是什么状态。结果到 5:30，她又开始感到烦躁不安！

太可笑了！答案就是这么简单：L会觉得不高兴，原来是因为饿了。

L饿了，所以不想说话，所以觉得烦躁，就是这么简单。

婴儿时期，我们饿的时候可是会哭的。

为什么我们长大以后，不会因为饥饿和疲劳而哭？因为我们总是习惯性地压制和管理情绪，但是身体上的感受却是真真切切的。

照顾好你的身体，照顾好你的睡眠，能把你的幸福基线提升一个档次！

很多时候，我们觉得情绪不高，不是累了就是饿了，我们却把它归为"发生的事情影响了我的心情"，而很少注意自己的身体。

有了目标，就要向着目标努力前进。

有了压力，就要休息，就是这么简单。

## 用"休息"来代替"逃避"

压力绝不是坏事，它是我们活着的动力，是我们改变的契机，是美好生活不可缺少的内容。很多女孩期待能嫁入豪门，从此过上少奶奶的生活，不用工作，甚至孩子都不用自己照顾。这不就是婴儿状态吗？这种想法的本质就是逃避压力。

嫁入豪门，是逃避金钱的压力；从此过少奶奶的生活，不用工作，是逃避人生需要自我奋斗的压力；孩子不用自己照顾，这是逃

避生活的压力。

所有愿望都实现,你就没有压力了吗?

你会有新的压力,比如人生无趣的压力,没有成就感的压力,害怕老公出轨的压力!

人只要活着,就没有压力消失的时候,只有一种压力取代另一种压力。

压力对我们是有好处的,压力从来不是问题。

问题是你的精力是否足够应对压力,你是否得到了充分的休息(精神和肉体都是)。

如何提升工作效率?

在我计划写《女神必修课》这本书后,我就被两种压力包围了:一种是我能否写出对大家有参考价值的书籍;另一种是我是否能完成这项工作,全凭自觉,无人监督,这意味着我要和自己的工作效率和拖延症抗衡。

而我的方法是:给自己做好目标计划,每天写3000字,然后分两次完成,每次45分钟。

在开始写作前,我会先去锻炼身体,短跑或者跳操,专注于运动;随后用15分钟的时间放松身体,同时构思我的写作思路。

开始写作后,我设定闹钟,让自己完全进入状态,关闭所有社交软件,手机也设置成静音。

在这45分钟中,我完全"浸入",这种强大的浸入感,使我在45分钟之内的效率出奇的高。

45 分钟一到，我会保存文档，果断脱离工作状态。

我会至少休息 15 分钟，有时是 30 分钟，在我休息的时候，我不会想工作；在我工作的时候，我也不想生活。

如果你也用这种方式工作，你会发现，哪怕你一天只工作五六个小时，也会比工作 10 个小时以上的成效要好得多。这种工作方式更容易产生成就感。

学会把时间切割成小块，不要让工作时间和生活时间混在一起。

45 分钟之后，工作成果显而易见，常常比浑浑噩噩一下午的成效更明显。

## 运动和冥想是幸福的灵药

心理学专家总是让我们把注意力放在颈部以上的头脑上，而影响我们的力量，通常来自我们颈部以下的身体。

在原始社会时期，我们的祖先无时无刻不在运动中度过，停止运动就意味着失去劳动力和竞争力。人类是需要一定的运动量的，但是我们平时的活动却远远达不到这个量。

身体的懒惰，也会带来精神上的抑郁。

我们总是把很多事情放在运动之前，我们把玩乐和工作看的比运动更重要，这是我们和身体的对抗。

运动是身体的最佳灵药，运动越多样化，我们的生活也就越幸福和丰富。

【终身幸福篇】 人生，其实不是一场马拉松

跳舞吧！打球吧！骑自行车吧！跑步吧！瑜伽吧！

我们在打开身体的同时也打开了心灵。

每周运动 3 次以上，效果和吃轻量的抗抑郁药差不多。

不要思考太多：运动能给我带来什么？我能不能坚持？我要不要明天再运动？

思索再多无益。不要问，直接去运动就好了！

你需要的是：

每周 4 次，每次半小时以上的身体锻炼；

至少使用 3 种以上运动方式（自行车、跑步、瑜伽、打球）；

每天保持 7～8 小时的睡眠；

每天 5 个以上的拥抱，和你的朋友、同事和家人拥抱吧！

# 39 外面没有别人

## 停止向外求索

以前的我,总是特别焦虑。我前面有人,我想超过他们;我后面也有人,我觉得后面的人马上就要超过我。

那感觉别提多糟糕了。

后来,我和一位很有智慧的前辈说起我的焦虑,她说:"你之所以总是想超越别人,是因为你的内心深处对现在的自己并不满意,你时刻在对自己进行批评和谴责。"

"你现在的状态是不够的,你必须进步。"

"你做的和其他人相差很多,必须要有所超越。"

"为什么你做事情总不能做到最好?"

这些谴责是你内心对自己的批评,如果长时间保持这种状态,那么这种对自己不认可的看法就会投射到外界环境中,发展为你认为自己也不会被其他人所认可。

【终身幸福篇】 人生,其实不是一场马拉松

你的内心就像是一台投影仪,它能够将你内心的想法投射到外界环境中,所以,你对外界环境的认知是受到内心想法的影响的。

当你的内心对自己不认可时,就会转向外界,希望得到外界环境的认可。

这无异于缘木求鱼,自己的内心出了问题,却在外部环境中寻找解决办法。

而这种对自我缺乏认可,转而求助于外界的行为,通常是由童年经历导致的。

如果你在童年时期就缺少足够的认可,在成长过程中也没有人给予你鼓励和信心,只靠自己是很难建立起自信的,所以长大之后内心始终缺乏自信,从而变得不认可自己。

有不少父母在孩子不听话时喜欢说:"你看×××家的孩子,学习多好,多听话,再看看你。"

父母在说这句话时,可能并没有什么想法,只是随口说出来的,他们不知道这句随口而出的话将会对孩子产生什么样的影响,没有什么话能比这句话更容易激起孩子的愤怒、打击孩子的自信心了。

当孩子听到这句话时,首先感觉到的是愤怒,听得次数多了,内心除了愤怒之外,还会在自己也不知道的情况下产生不自信的心理。

这样的孩子长大后,就喜欢同其他人比,希望能够超越他人,以此来建立自己的信心。同时,他们还会不断寻求外界的认同,以弥补童年时认同感的不足。

但是这样是无法彻底解决你的问题的，因为总有比你优秀的人出现，你不可能击败所有比你强大的人。无论你击败了多少人，从中获得了多大的成就感，一旦你遇到一个自己无法超越的人时，之前所积累的自信将会瞬间化为乌有，一切又回到了原点。

*停止向外寻求：其实外面什么也没有。*

一位非常有名的大师说：外面没有别人。

其实外面什么也没有，你想要得到的都在你的心中。想要获得自信和认同感，需要自己给予自己。

建立自信心、获得成就感，实际上并不复杂，我们只需要通过完成一项工作或者做好一件小事就能够获得。

情商高的人通常人际关系比较好，因为大家都喜欢和情商高的人交往。而情商高的人在人生道路上也会走得顺畅很多。

情商高是一种通俗的说法，比较精确的说法是："拥有一套完整而且有弹性的人格系统。"

*我们期望和他人沟通，但是沟通的目的从来都不是征服。*

这里有一位大学教授的故事：

郑确教授，在全国最受欢迎的教师中排前 100 名。他的主讲课程是沟通学，曾经被评为全国第一课，除了沟通学他还教大学的思想政治课。

当然思想政治课是相当无聊的，没有人喜欢上这门课。

开学的第一天，在郑确教授的思想政治课上，有位同学站起

【终身幸福篇】 人生，其实不是一场马拉松

来说："教授，我觉得这些课程非常无聊，没有任何意义。"

郑确教授回答说："谢谢你的意见，请坐。"然后就开始讲课。

这个故事给我留下了很深的印象，以往别的教师受到挑战，或者我们在生活中受到如此直接的挑战，都会反驳、辩解，试图用我们的想法说服对方。

而郑确老师，只是说"谢谢你的意见"，非常谦逊，但是带来的效果却远比说教要好。他的气魄在那一刻就征服了在场的人。

沟通的最终目的不是说服对方，不是征服而是到达幸福。

# 40 生活≠赚钱+消费

## 生活≠赚钱+消费

年轻人,很容易将赚钱和消费视为自己生活的全部。如果是生活在二三线城市,房价不高,父母帮忙解决了房子问题,还会经常去父母家吃饭,而自己每月的薪水,绝大部分就成为了零花钱。

花钱有很多种方法,有很多人专门教人如何花钱,无数心灵鸡汤文章也说如何花钱是一门学问。现在,无数网上购物 APP 充斥在我们的手机里,花钱已经变得简单得不能再简单,动动手指就可以,这就让花钱购物成为很多年轻人的精神寄托。如今的谈恋爱也成为一种模式,比如情人节就必须买高价玫瑰花、首次见面要吃西餐才感觉有气氛等,这些观念都是商家费尽心思灌输给你的。

而上班似乎只是因为要花钱才走这条路,它本身再没有任何意义。试问下,如果现在你的公司告诉你,可以不用来公司工作,每月工资还是按时发放,那么你还会去公司吗?

【终身幸福篇】 人生,其实不是一场马拉松

## 提高生活品质≠消费

一提起"提高自己的生活品质",很多人就会想到花钱消费,出现这种情况,很可能是因为大部分人并不明白究竟什么是生活品质。同时,在很多人的眼中,商品的作用被过分夸大了,虽然花钱买回来的商品都对你有所帮助,但它并不能改变你的生活品质。

之前,我看了两部有争议的电影,一部叫作《港囧》,一部叫作《夏洛特烦恼》,在两部电影中都出现了一个问题:中年危机。男人到了中年,激情渐渐消退,对待家庭和事业都产生了疲倦感。《港囧》里的徐来,从艺术院校毕业后选择设计内衣,很大程度上是"嫁鸡随鸡,嫁狗随狗";而《夏洛特烦恼》中的夏洛,靠剽窃他人的作品成名,内心深处的不安也就非常好理解了。

刚从学校毕业时,我们会经常与同学聚会,在QQ或微信中询问各自的近况,互相攀比,这个阶段的我们非常在意这些。比如,一个体贴温柔又年轻有为的男朋友,或者一个在写字楼上班、出差去世界各国的工作,名牌包包和珠宝首饰当然也在其中。男同胞看到这里可能会嗤之以鼻,但是当微信的汽车广告出现在你们面前时,你们也会纷纷点赞,甚至会因为自己成为商家的目标客户而暗自窃喜。

但是,20~30岁只是事业的起步期,未来的路还很长,还有40岁、50岁、60岁。

你在20岁时认为年收入多少算是成功?当你拿到期望的收入

之后呢？人真正应该追求的并不是年收入多少，而是拥有自己的事业。我们生活质量的提升也要靠自己的事业来完成，只有这样你才会感觉自己的时间没有虚度。在自我实现的过程中，金钱只是额外的奖赏，如果你将金钱作为自己的最终目标，那么当这个目标实现之后，你就会开始怀疑自我。

金钱所能购买的东西确实能给你带来一定的成就感，但是这种成就感像是夏天放在屋外的冰激凌，不可能长时间存在。恋爱其实也是如此，我们可以将恋爱当成自己人生道路上一个短暂的假期，这样就能够更加坦然地面对过去，但是如果一辈子都活在假期中，那就是一种囚禁了。

所以，与其思考需要买什么东西能够提高自己的生活品质，不如思考做些什么能够将日常生活变得健康且美妙。

有个朋友曾这么说："抵御人生无常带来的危机感，不是靠每日计算自己的收入以及存款，也不是靠一些微不足道的成就感，而是靠做有意义的事情，靠建立自己的事业，靠为有价值的事去奉献。"

【终身幸福篇】 人生,其实不是一场马拉松

# 41 每天都开心的秘诀

## 是什么让你对身边的事物视而不见

1月份一个下雪的周六,C 一个人在家里忙活。

在过去的一周,C 忙得日夜颠倒,手里的一个项目终于圆满收尾了。为了这个项目,C 已经连续加班四十多天,几乎没有个人生活,现在总算能喘口气了。

上午,C 先去银行办事。天气特别冷,C 回到家,赶紧洗了个热水澡,然后叫了火锅外卖,等待和好久不见的闺蜜王花花一起把酒话青梅。

C 想得特别好:一方面,今天天气这么冷,还下雪,是最适合吃火锅的天气;另一方面,她和花花有两三个月没见了,还真是想念她。

C 一个人把桌子推到了窗边,把厚窗帘拉开,只留下薄薄的纱帘,从室内看室外的雪,特别美。

C 的这个闺蜜是最小资最知情识趣的,她最懂得吃啊玩啊的讲究。C一边收拾桌子,一边美滋滋地幻想和闺蜜就着这纱帘雪景,一起吃火锅并聊得热火朝天的景象。

和闺蜜约的时间是11:30,结果都12:00了,C也没见到人。

到12:20时,王花花大驾光临,姗姗来迟。

王花花带着青紫色的黑眼圈,疲惫地说:"我昨天晚上睡得晚,这不来了吗!别说了。"

C也不好多怪她,赶紧让她脱了外套坐下。她身上倒是没沾多少雪,应该是打车到了C家楼下,只是她的大衣有点皱巴。

C让她坐在桌子对面,热情地张罗小料和香菜,把电磁炉打开。C叫的是鸳鸯锅,别说,这家外卖做得真好,那白汤是菌汤,熬得奶白奶白的,还飘着红色的西红柿片和黄色的玉米小段;那红汤是麻辣汤,油光发亮,红彤彤的,看着就食欲倍增。C的注意力全被锅底吸引了。

等C反应过来,才发现王花花自进门,除了回答C的问话,就没再说一句话。

C仔细看了看她,花花今天怎么这样啊?

花花是她的外号,还是C取的,取其娇媚可爱、貌美如花、娇气如花的意思。花花是最爱打扮的,但是今天花花看着有点皱巴巴的。仔细看,她的头发有点枯,应该是好久没做护理了,她脸上除了黑眼圈,还有点起皮,而且竟然素颜就来了。

C说:"花花呀,来吃这毛肚,超嫩。"

花花没精打采地点了点头,任C把毛肚放到她的酱碟上。

【终身幸福篇】 人生,其实不是一场马拉松

接着 C 给花花倒酒:"这酒好喝,上次你说喜欢喝,今天我特地跑到北城最北的那个进口超市买的。"

花花喝了口酒,不置可否。

C 只好问:"你是又和他怎么了吗?"

还用问吗,肯定是"怎么了",能让花花如此失魂落魄的,也只有"他"了。

他是花花钦定的如意郎君 A 君,C 也认识,说起来他们三个还是高中同学。A 君从高中起就特别招眼、特别出色,两个人在一起,花花没少给他挡烂桃花。

A 君大学去了上海,花花去了北京,从此两个人两地相思,心自成冰。花花本以为大学毕业后,这异地恋的苦就不用再吃了,没想到 A 君一毕业就去了英国。

A 君说:"我会回来的,不回来也会把你接走。"

如今,A 君去了都两年了。在这两年里,A 君回来看了花花 3 次,花花飞去英国看了他两次。这 5 次见面说少也不少,说多也不多,但对于热恋中的人来说是绝对不够的。

所以两个人就用各种社交软件联系,微信、QQ、Facebook、微博、Skype 视频,反正这半年多的时间里,C 只要和花花在一起,她的手机就响个不停。

有时 C 感觉花花不是一个活生生的人,而是 A 君远程遥控的一个行走的机器人。

花花今天这么沮丧,两人一定是吵架了。

果然，花花说："我和 A 吵架了。本来说好了他春节回国，但是他的导师要求他把项目提前完成，所以他说他不回来了。我说时间真有那么紧张吗？就连一周的时间都没有？我们都半年没见面了啊！你是不是变心了？还是觉得国外比国内好，不想回来了？"

C 说："花花呀。咱们今天先不想他行吗？你先尝尝这家火锅外卖的肥牛，这可是真正的上品肥牛，你看这肉质多鲜嫩，肥瘦多均匀，切得跟纸一样薄！一烫就熟，超好吃的！"

可是花花对 C 的推荐视而不见。

C 也演不下去了，看着花花，放下筷子，叹了口气。有点后悔邀请她来了。

## 为什么你的世界里没有了自己

但是 C 想了想，还是认真对花花说："花花，我知道你现在的心情。你们两个本来是相爱的，但是却被迫两地分居 6 年之久，你对两个人未来的信心在慢慢减弱，而你并不知道如何挽回。"

花花看着 C，今天第一次认真听 C 说话："你接着说。"

C 说："花花，你本来应该是个新世纪的优秀独立女性，你家境好，又毕业于名牌大学，工作认真努力，你有自己的事业。但是你唯一看不开的就是感情。感情并没有让你的生活变好，并没有让你变得幸福。你回想一下高中还没和 A 君在一起的日子，你是多么快乐啊，天天跟我讨论去哪里玩，吃什么好吃的。和 A 君在一起后，

【终身幸福篇】 人生,其实不是一场马拉松

你的注意力全被他吸引了。"

花花好像有点触动:"你的意思是,为了寻回失去的幸福,我应该和 A 君分手是吗?"

C 说:"当然不是。我的意思是说,良好的感情有一个特质,在两个人之间,至少要有一个人因此受益(感到幸福),而另外一个人没有损失;普通的感情就是两个人都没有受益,也都没有损失;坏的感情则是两个人在一起之后,至少有一个人过得还不如单身时,如果是这样,说明你的感情模式出现了问题。"

花花说:"我的感情出了什么问题呢?"

C 说:"从你一进门,你就没有露过笑脸。我因为工作忙,两个月没有联系你了,如果不是我昨天给你打电话,你也没注意到。今天是你最喜欢的天气,我准备的是你最喜欢的火锅,我们现在做的是你最喜欢的事情:下雪天吃火锅。但是你一点也没注意到,我精心准备的食物和酒你都食而无味。你对他的感情,就像个看不见的罩子一样,把你罩住了,除了他,你什么都看不见了。你的生活中只剩下他,那你自己呢?"

花花像是被 C 泼了盆冷水,愣愣地看着 C:"可是年轻女孩谁不是恋爱大过天……"

C 说:"可是你不能失去自己啊。你这两年为自己活过吗?你努力上班,是为了以后能和他保持同步;你节省开销,是为了攒钱飞去英国;你不和朋友们出去玩,是为了回家和他视频,你的生活,什么时候只剩下他了呢?"

**必修课：成为女神的全方位修炼手册**

花花轻轻地说："我都习惯了，把他当成我生活的目标，就像爬山一样，他就是山上的那个标尺，他就是我一步步向上爬的目的地，我都没想过别的，就是看着标尺爬啊爬啊，并告诉自己，到那里我就能幸福了。其实这两年我一直在想，如果A君不回来了，或者他要我去英国，而我又舍不得国内的父母和朋友该怎么办？爬上了山，标尺却不见了，我该怎么办？"

C说："不要把他当成你的目标，也不要只看着山顶。你就那么慢慢走，累了就歇会儿，渴了就吹着山风喝点热茶，甚至不渴不饿，你也可以停下来看看路边的风景。过好你自己的生活，你的生活不应该围着别人转，你的快乐也不该是别人给的。"

"而且，两个人的感情如果是良性的，那么两个人都应该是快乐的，这样你们才会互相吸引。你这么不快乐，他又怎么会快乐呢？他又怎么愿意回到你身边呢？"

C说完了，就不再理花花，非常没礼貌地自顾自地吃了起来。

C把新鲜的榛蘑倒进白色的菌汤中，又把海虾丢在了红汤中，自己涮自己吃。

花花坐着发呆，像是在看C，又像没看她。

当C试图把最后几颗虾倒进红汤中时，花花突然用筷子拦住了C："哎，你这人真是暴殄天物，你会不会吃啊，这么鲜的海虾入了红汤，全被红汤夺味了，这得入菌汤才好吃。"

花花一边说，一边往火锅里放虾放爆肚放肥牛，还把蔬菜放进了白汤，这"吃肉要放红汤，吃绿菜要放白汤"还是花花教C的呢。

【终身幸福篇】 人生，其实不是一场马拉松

花花说："说起来怎么没有酥肉啊？下周你上我家来，我给你准备酥肉，这吃火锅没酥肉怎么行！啊，我突然发现你的品味提升了啊，这纱帘配雪景也太有情趣了。我可好多年没吃过这么应时应景的饭了。"

花花像是一个丢魂丢了好多年的人，突然间魂魄归体，整个人活过来了。那天下午，她们喝了两瓶酒，喝得东倒西歪。火锅吃完了，花花亲手煮了一大壶奶茶，C找出了别人送她的点心，两个人搬了毯子和靠垫放在窗户下面，坐在窗前就着雪景吃了又喝，聊了又聊。

C发现，高中时代神采飞扬的花花又回来了。

无论单身还是非单身，你都要拥有自我。

无论单身还是非单身都快乐的秘诀只有一条：拥有自我，自己为自己的悲喜负责。任何时候，自己的情绪都不要被外界左右。

*不幸的来源：我们常常期望他人能为自己负责。*

自己的生命应该由自己负责。

不要奢望别人会为你负责。

也不要试图为他人负责，因为每个生命都只能为自己负责。

那些希望得到他人帮助，期望他人为自己负责的人，最终得到的结果就是失望。因为对于其他人来说，为一个其他生命负责，是非常沉重的负担，沉重到任何人都无法承受。

而对于你来说，当你把所有的期望都投注到他人身上时，等于将自己的生命交给了他人，那么你将会失去对自己的主导权，并且还会失去安全感。你将会活在猜疑他人和害怕失去他人的恐惧中。

因为内心的恐惧，你对他人的期望最后往往会变成控制和束缚。

直到双方都精疲力竭，无法再忍受这种压力，你的期待才会结束，同时结束的还有你们的感情。

# 42 爱的秘诀：你需要什么，我就给什么

## 为什么爱一个人这么难

当我真正爱上一个人之后才了解了爱的真谛，才发现爱实际上非常简单，就是将对方最需要的给他。

我也曾十分迷茫，不知道该怎样去爱一个人。

我对自己的爱人也不愿意去倾听，因为他对军事、政治、体育比较关心，而我对这些一窍不通，并且毫不在意。

每次他对我讲某某国家同另一个国家出现了矛盾，有可能爆发战争，或者欧洲杯他看好哪支球队，我就会打断他的话，并告诉他："我现在还有点事情，等我忙完了再说。"

虽然我每次都说等我忙完了再说，但是从来没有下文。因为我对他说的东西完全不感兴趣。

最初，他总想和我分享对一些事情的看法，后来，他终于意识到，我对他说的事没有丝毫的兴趣，并且不愿意听，之后就再也没有和我说过些事。

然而，与他人交流分享是人类的天性，于是他将大量时间放在了网络上，因为网络中有很多与他志同道合的人。

过了很久之后，我终于发现他和我已经没有什么共同话题。我想要改变这种状况，于是也开始看一些体育、军事之类的消息。

一天下班之后，我非常兴奋地想同他分享刚刚从网上看到的最新军事动态，但是他只听了一句就打断我："我一会儿还有点事情，等有空了我们再聊吧。"

当他这句话说出来之后，我们两个人都呆住了，气氛十分怪异，因为类似的话是我之前对他说的。片刻之后，我们意识到我们之间出现了巨大的问题。

这天晚上，我们约定：从今以后要关心对方的生活以及兴趣爱好，每周都要有双方共享的时间，可以看一场足球比赛或者肥皂剧，看完之后要对共享的内容进行交流。

## 学会询问对方：你需要我怎么做呢？

其实，想要自己的婚姻幸福，你只需要做一件事情，即坦诚地询问对方："你想让我用什么样的方式来爱你？"

很多失败的婚姻并不是因为双方不再相爱，而是因为他们都用自认为正确的方式爱对方，却从来没有沟通过，他们不知道对方真正需要的是什么。最后结果是，双方都感觉自己已经尽全力去维护这段感情，但是对方却从来没有反应，只能在不断的失望中走到婚

【终身幸福篇】 人生，其实不是一场马拉松

姻的尽头。

每个人想要被爱的方式都不一样，每个人都希望自己的另一半能够以自己喜欢的方式来爱自己。但是对方并不一定清楚你的想法，所以你需要什么请直接告诉对方，对方有什么事情让你不满意请立刻指出来，不要让对方猜测你的想法。

我们可以通过一张表格来增加双方的了解，表格分为两部分，一部分是对方对我的需求，另一部分是我对他的需求。

不要匆忙地将表格填满，思考之后再填，然后不断去完善。

当表格做好之后你才会发现，原来对方有那么多事情是没有对你说过的。

知道了这些你之前不了解的，你才能够以对方想要的方式去爱他，对方同样也会如此，这时你们会发现，原来你们双方都是这么珍惜这段感情。

*婚姻需要双方的努力。*

当你和你的另一半成为"我们"，你们双方就必然都会有一定的牺牲。

两个人之间的感情需要双方一起努力经营，同时要明白，人都有喜欢追求新鲜事物的天性。伴侣之间的关系既是同盟又是竞争对手，如果两人的步伐不一致，那么步伐慢的一方就难免被抛弃。你只想安逸的生活，不想努力，不想进步，认为结婚之后所有事情就已经注定，你凭什么认为对方会一直伴随着你？夫妻双方只有共同努力，才能获得真爱，前进的道路没有终点，直到你生命的结束。

## 被理解比被认可更重要?

夫妻之间相处,通常认为被对方理解要比被对方认可更为重要。因为双方都会觉得,只有对方了解自己之后,才能进行更深层次的交流,自己才不会因为想要被对方认可而做一些虚伪的事情,这样会让生活更轻松。但是夫妻是长久相伴的伴侣,如果仅仅被了解,双方都不认可彼此,那么我想这段感情也不可能长久,所以我认为了解和认可是同等重要的。我希望你能够了解真实的我,同时认可我为你做的改变。

争吵其实也是一种沟通方式,但是这种沟通方式要有一个度,不要认为自己拥有特权,如果你真的伤了对方的心,造成感情上的裂痕,将很难修复。多花时间去找对方的优点,找对方让你感动的事情,让你快乐的事情,这些温馨的话题多同对方说说,对于对方的付出表达认可和感激,这样夫妻双方才会有更多的温馨,生活也才会更加幸福。

想要获得幸福并不是一件容易的事,很多人更多的是关心自己,因为关心他人的需求要比关心自己困难得多。

但是在双方互相关心对方需求的过程中,你们之间的关系也会更加有活力。

感觉生活辛苦时,可以通过一些简单的事情来缓解,比如"和他一起看一场他喜欢的足球赛"。

不要再执著地使用自己认为正确的方式爱对方,要使用对方需要的方式来爱他,这样你们才能得到幸福。

【终身幸福篇】 人生,其实不是一场马拉松

# 43 确定自己想要什么,然后立刻去追求吧

## 少女啊,为什么我希望你成为有钱人

有两个问题。

问题1:女人有钱到底有多重要?

问题2:女人最想要做的事情是什么?

我常常听到第一个问题:女人有钱到底有多重要?

而我常常听到的回答是:女人有钱可以不被男朋友或老公欺负啊;吵架的时候可以说走就走,直接飞去国外让他找不到啊;选老公的时候可以不考虑钱只考虑自己喜欢啊等等。

这些对吗?有一定道理。但这些绝不是女人有钱的全部意义,这些答案,全部都是围绕男人的啊!

有钱能带来什么?有钱能帮助你过你想要的最有趣的生活。

当你想去滑雪的时候,你就可以去滑雪,哪怕你生活在永远都不会下雪的城市。

当你想要去看海底世界的时候,你就可以学习潜水,亲眼看到海豚和鲸鱼,哪怕你是生活在内陆城市。

你可以拥有任何正当爱好,并且有资本和时间去学习和完善这项爱好,哪怕你的爱好在别人眼中是肤浅无用的。

*你可以吃到世界上最好吃的东西,看到最美丽的风景。*

*你可以不用顾及他人的目光。*

*你可以做太多的事情:可以不再受贫穷的限制,可以去见识更大的世界,可以拥有更广袤的视野和最奇妙的经历。*

人生是有选择和自由的,你越富有,你人生的选项越多,你就越自由。经济上管财富到达了一定量叫财务自由。

我觉得财务自由这个词很美妙,美妙到超越其他一切词汇,甚至包括爱。

爱是很重要的,但是爱并不是世界的全部,也不应该成为我们人生的全部。

所以,要努力赚钱,要把赚钱作为我们生活的重要目标。

回到一开始的问题——女人最想要做的事情是什么?

其实女人最想要的,是主宰自己的命运。

但是要主宰自己的命运,只能靠你自己的能力。

无论做个有钱人,还是主宰自己的命运,都不是那么容易。

【终身幸福篇】 人生，其实不是一场马拉松

## 王者归来的故事很美妙，但终究不是现实

类似于王者归来的故事总是很受欢迎，比如《指环王》中的阿拉贡，从一个四处飘荡的游侠成为刚铎国王，又如《西游记》中的孙悟空，被关在太上老君的炼丹炉里炼了49天，炼就了火眼金睛。

这些结局美好的故事给普通人带来了信心和动力。

所有人都希望自己成为英雄，但是如果让我选择，我宁愿没有火眼金睛也不要在炼丹炉里待上49天。

因为我知道在炼丹炉里的每一日都充满了痛苦和煎熬，并且我不知道这种让人绝望的时间要持续多久。

痛苦并不可怕，可怕的是你不知道痛苦什么时候能结束。我们的人生也是如此，困境不足以让人害怕，让人害怕的是不知道什么时候才能脱离困境，也不知道自己的努力什么时候才会取得成功。

也许是明天，也许是明年，也许是永远不会成功。

但是要记住，你如果不去尝试，那么成功就永远不会到来。

## 少有人走的路才是真正的捷径

大多数人都想通过捷径取得成功，想通过捷径一步登天、荣归故里！

但是这些人想象中的捷径只是幻象。

只有很少人走过的路才是捷径。

**必修课：成为女神的全方位修炼手册**

你想要获得成功，就必须付出努力；你想成为同学眼中的学霸，就只能日夜埋头苦读；你想要事业有所成就，就只能付出比别人更多的艰辛。

很多人对心灵鸡汤有些厌恶，因为它将成功说得非常简单，好像任何人只要付出努力就可以实现梦想，但是现实中远没有这么简单。

每个人获得成功的背后，都有汗水、努力、失望、愤怒、泪水、伤心，以及无数个不眠之夜，无数次心灰意冷。

在获得成功的同时，你需要放弃的东西很多很多，其中包括睡眠、同他人发展友谊、谈恋爱、玩游戏、看电影等。

最重要的一点：你会失去现有安逸的生活，失去安全感，不得不重新寻找突破的方向。

人的本能会驱使自己待在安全的地方，所以主动放弃安全感是一件非常痛苦的事情，因为人类有很多正面的体验需要建立在拥有安全感的基础上，如欢乐、爱、舒适。

但是想要发展，先苦后甜是必须要经历的。如果你做好了准备，就去做吧，因为这就是捷径。

想要英语出类拔萃？先从每天背诵单词开始。

想要健康的体魄？从今天开始每天跑5000米。

想找一个可爱、漂亮，同时又十分聪明的男朋友？先从改变自己开始吧，以便自己能够配得上未来的男朋友。

不要再给自己找理由了，现在就是做出改变的最好时机，一旦错过了机会就会永远失去。

你可能会感觉到现实非常残酷,不过人生的意义就在残酷的现实中,一头扎进黑暗中,用尽全力穿越它,只有穿越过去你才能看到光芒。

在前进的道路上不要恐惧选择,不要害怕自己选错道路,因为任何一条道路都不能说是绝对正确的,每一条道路都有利和弊。

你现在感觉自己被重重黑暗包围,只因为你前进得还不够远,还没有看到前方的光明。

## 现在,立刻行动起来

理想的人生应该是所有目标都能达到,所有计划都能按时完成。

想要拥有这样的人生确实很困难,基本是做不到的,但这也是人生中需要你去克服的一个困难。我们通常对自己一天能够完成的事情估计过高,而对于自己一年内能做完的事情估计过低。

你只用花费三分钟时间,就可以把自己所有想要完成的事情写下来,然后你可以将日记本当成是从哆啦 A 梦口袋里拿出来的,你在日记本上写的事情都能够实现。你要把自己一星期的目标,一个月的目标,一年的目标乃至一生的目标都写在日记本上。

将目标写下之后,要对目标进行归类,找出其中多个目标共同包含的一个目标,将这个目标单独列出来,并纳入你的日常工作中。每天都为这个目标努力,先完成这个能够让你离最终目标更进一步的目标,现在就去做,这样你的人生目标就可以一步步完成。

当你明白每天按照计划去执行，是自己首先要做的事情时，你就走上了为自己的人生目标而奋斗的道路。人生目标看似遥不可及，但要详细划分到每一天就不会觉得遥远了，不要再拖延，从今天开始行动。

也许你心里在想，自己的人生目标是需要用一生时间去完成的，不需要急在这一两天。其实这种想法只是你为自己的懒惰找的借口，你要告诉自己，只有从今天、从现在就开始行动，自己的人生目标才能够在未来实现。当你在多年之后，回想自己的一生，你会发现自己每一天都没有虚度，因为人生目标贯穿了你的一生，你每一天都在为了这个目标而奋斗。

无论有什么样的理由，都不要再拖延了，拖延会毁了你的一生，它会让你在若干年之后才发现自己原来一直在原地踏步，没有任何进步，而此时你已年华老去。

当你制订好自己的计划，并开始执行之后，你就不会再因为逛街而产生负罪感，你可以非常愉快地参加朋友的聚会，因为你心里明白，参加完聚会之后你还会按照自己的计划为了人生目标而奋斗；当你因为一时的懒惰而不愿工作时也不会有愧疚感，因为你知道自己的休息是暂时的，过后还会按照计划走上征途。

最重要的一点，你不会再对未来迷茫，因为你已经在为自己的未来做准备。但是这一切都建立在一个基础之上：现在就开始行动，努力去完成你的人生目标。

【终身幸福篇】 人生,其实不是一场马拉松

# 44 后记:再见,小小的我

### 写到后记了,我的心情很复杂

在这本书中,与读者分享了多年来我的心得、我的学习体会和经验总结、我的个人经历和我看到的故事。

在写作的过程中,我也仿佛在和故事一开始那个迷茫的、在清晨7:00穿着卫衣和平底鞋、站在学姐面前不知所措的女孩告别。

再见了,过去那个小小的我。

而看书的你呢,咱们也要再见了。当你看完这本书时,我希望它真的对你有帮助,也希望你真的付诸行动。

我还想给你一个建议,也是给我自己的建议:把握当下。

不要总是懊悔过去,也不要总是空想未来。当下对于你来说才是最重要的,你能掌握的也只有当下。

你的计划、想法和愿望都需要立刻去实施。

过去的事情已经过去,你没有办法改变;未来的事情还没有发生,更多是受到你现在的影响;只有今天你才能控制,也只有今天能够让你利用。

无论你有什么样的人生规划,都要从今天、从这一刻开始做。也许你现在还没有具体的计划,那么你可以从立刻制订一个计划开始。

无论你想要做什么,马上开始才是最重要的。

我们花费了太多时间去怀旧,很多 20 岁刚从大学毕业的年轻人走出校门就开始感叹自己老了,怀念自己的学生时代;而到了 30 岁,又开始对自己 20 岁的青春岁月怀念;到了 40 岁,再继续怀念自己的 30 岁……细细想来,我们最好的时光其实就是现在。

现在的时光就是最好的时光,现在去奋斗,就是最好的时机。

而此时我们的年龄,就是最好的年龄。